クラウド
データベース
入門

川上 明久、杉江 伸祐、廣瀬 真輝、竹村 伸太郎、案浦 浩二、中田 晃一 著

日経BP

はじめに

　長年にわたりデータマネジメント体制構築や内製化支援に携わってきた経験から、筆者はデータベース技術を高速に学習して効率よく構築・運用業務を実行する方法を習得する必要性がかつてなく高まっていると考えています。

　データベース技術は、かつてのオンプレミス時代から現在に至るまで、大きな変化を遂げています。この変化は、業界の若手もベテランも同様に困惑させています。若手エンジニアにとっては、何から学べばよいのか、どのような知識が重要なのかが理解しづらく、膨大な学習時間を要するように思えてしまうでしょう。

　一方、経験豊富なエンジニアにとっても、クラウド上の新しいデータベースサービス、ベクトルデータベース、NewSQL など、従来の常識が通用しない新技術への適応が求められています。何を「アンラーニング」し、何を新たに習得すべきか——。この問いに答えるため、新しいデータベース入門書として本書を企画しました。

　データ活用の成功には、適切なデータベース技術の理解と高速な構築、効率的な運用が不可欠です。データ活用の高まりによってデータベース関連の需要も増加しており、企業内でこれらのスキルを習得する意義は大きくなっています。AI（人工知能）やデータサイエンスとの関連性が強く、現代のエンジニアにとって重要なスキルセットの一部を形成しています。

　データベースそのものの専門家になるというより、AI やデータサイエンスなどデータを活用するスキルや、インフラ技術、SRE（Site Reliability Engineering、サイト信頼性エンジニアリング）などのエンジニアリング手法と合わせて習得し、価値を出すことに多くの企業は意味を見いだしています。

　一人前のデータベースエンジニアになるには、多くの知識と経験が必要です。データベースは複雑な機能を持ち、多様な形態・製品・サービスが存在します。技術スタックとしても、インフラからアプリケーションまで幅広い領域と関連を持ちます。ベテランエンジニアは、これらの知識についてこれまで長い年月をか

はじめに

けて習得してきました。

しかし今日、学習期間とデータベース構築・運用業務を大幅に短縮できる可能性があります。ノウハウを短期間で吸収できれば、データ活用を高速に実行して企業変革に寄与できるようになります。データ活用のアジリティーを高められる人材は高い市場価値を持ちます。その鍵となるのが、クラウドと生成 AI です。本書は、この 2 つの技術を前提とした「新しいデータベース入門」となることを目指しています。

クラウド環境では、データベースの多くの複雑性が自動化・隠蔽されており、従来必要だった知識の一部は不要となっています。これにより学習内容自体を減らせます。重要なのは、今後も学習する価値があることと不要になることを正しく見極め、意味のある学習に時間を投資することです。

生成 AI の活用は特に開発の下流工程において大きな効率化をもたらします。さらに、生成 AI は個人の高速学習ツールとしても活用できます。生成 AI での業務効率化は自社の開発プロセスに組み込んで成果を出せるものであり、発展途上の領域もあります。本書ではいくつかのサンプルを出すにとどめています。

本書は専門領域のエキスパートとの共著としています。データベース領域でも特に新しい技術領域やエンジニアリング手法、特殊な分野は、その道のエキスパートや大規模システムへの適用経験者、みずから越境して新たな道を切り開いている先駆者の方々に、最先端の内容を分かりやすく書いていただきました。共著にすることで執筆内容の広がりとスキルやキャリアに関する多様な目線を入れることができたと自負しています。

本書が、変化し続けるデータベース技術の世界において、習得の指針となれば幸いです。

2025 年 3 月 21 日　株式会社 D.Force　代表取締役社長　川上　明久

CONTENTS

はじめに…………………………………………………………………… 3

クラウドと AI で変わる新たなデータベース基盤………………………… 8

第 1 章　リレーショナルデータベース ………………………………19

1-1　クラウドで独自の進化、多様な選択が可能に …………………… 20

1-2　データベース開発、クラウドと AI 活用で生産性向上 …………… 32

1-3　ベクトル DB として使える RDB、ベクトル検索と RAG への応用 ………48

1-4　データベース運用、クラウドで大幅な自動化 …………………… 62

第 2 章　データウエアハウス ………………………………………75

2-1　初期コスト抑え構築ハードル下げる、クラウドの弾力性で身近に ………76

2-2　データプラットフォームとして進化、変わる DWH の構築・運用 ………88

CONTENTS

第3章　NoSQL ⋯⋯⋯⋯⋯⋯⋯⋯⋯⋯⋯⋯⋯⋯⋯99

3-1　RDBの弱点を克服、高頻度更新トランザクションに対応 ⋯⋯⋯⋯ 100

3-2　NoSQLとDWHを組み合わせる、多様な用途に利用する「CQRS」⋯ 110

3-3　NoSQLと相性の良いマイクロサービスアーキテクチャー⋯⋯⋯⋯ 118

3-4　関係性を基にデータ活用、グラフデータベース ⋯⋯⋯⋯⋯⋯⋯⋯ 126

第4章　NewSQL ⋯⋯⋯⋯⋯⋯⋯⋯⋯⋯⋯⋯⋯⋯ 137

4-1　RDBとNoSQLの長所を融合、次世代データベースNewSQL ⋯⋯ 138

4-2　NewSQLを用いて実践、大規模アプリにおける設計と運用⋯⋯⋯ 148

第5章　データベース信頼性エンジニアリング（DBRE）⋯⋯ 157

5-1　高い開発生産性を実現するプラクティスの基礎知識 ⋯⋯⋯⋯⋯⋯ 158

5-2　DBREエンジニアが高速開発に果たす主な責任と役割 ⋯⋯⋯⋯⋯ 168

5-3　DBREエンジニアになるには、実例を踏まえたDBRE実践方法 ⋯⋯ 180

CONTENTS

あとがき……………………………………………………………………… 192

著者略歴……………………………………………………………………… 194

本書は日経クロステックの連載「新データベース入門、これからのデータ基盤設計」
（https://xtech.nikkei.com/a-cl/nxt/column/18/03004/）の各記事を再編集ならびに一部を連載に先行して
掲載したものです。

クラウドとAIで変わる
新たなデータベース基盤

　データベース開発・運用のスタイルが大きく変わりつつあります。変化の背景にあるのがクラウドとAI（人工知能）です。IT人材不足への対応といった社会的な要請も変化のきっかけとなります。限られた人員で、より高速に、効率的に、開発・運用することが求められており、その実現手段が続々と登場しています。

　筆者は、数多くの企業のデータベース開発・運用プロセスやデータベース基盤を診断し、改善を支援してきました。その経験からすると、変化に対応できている企業と対応できていない企業のギャップは大きくなる一方です。生産性が高い上位3分の1の企業と下位3分の1の企業では、生産性の差は3〜5倍開いていると考えています。この差を放置するとデータベース開発・運用に無駄なコストがかかり、データ活用において他社に劣後する可能性が高くなります。変化に対

設計から開発、運用まで効率化
図　クラウドによる工程効率化の概要

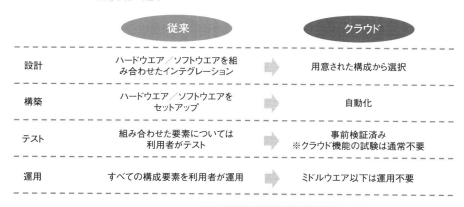

応できれば、生産性を大幅に向上させる可能性が広がります。

　本書では、現在でも変わらず重要であり、普遍性のあるデータベース開発の原則を押さえながら、クラウドや AI を利用してデータベース設計・開発の生産性を高める新しい方式やスタイルをお伝えします。なお本書で扱う「データベース開発」の範囲は、クエリー開発、データ基盤設計に絞ります。データモデリングについてはデータベースの種類ごとの違いを中心に触れるにとどめます。

クラウドやAIを利用して生産性を上げる

　生産性を高めるクラウド、AI の活用について、定着が進んでいるものから概観していきます。より具体的な内容は本書の第 1 章以降で説明します。

クラウド利用による生産性向上、最適化の重要性が増す

　既にクラウドは一般的に使われるようになりました。データベース開発においてクラウドのメリットを生かすのは比較的容易です。「開発・テスト環境を高速に作成する」「テストデータの入ったデータベース環境ごとスナップショットを取って再利用する」といった方法で誰もが開発の高速化に取り組めます。

　データ基盤の構築業務は自動化が進んでいます。特に設計の下流からインフラ試験工程、運用の一部（バックアップ、死活監視とフェールオーバー、稼働状況の可視化、ログ管理など）の作業は劇的に少ない工数で済むようになりました。

　自動化の恩恵は生産性の向上にとどまりません。実装スキルが不要になったため、データ基盤の構築、運用のオペレーションを担当するデータベースエンジニアを置く必要性が低下しています。

　単にクラウドの機能をそのまま利用すれば、これまでの開発・運用スタイルを変えなくても生産性とアジリティー（俊敏性）は高まりますが、データベース運用の最適化には専門的なノウハウが不可欠です。

最適化の重要性が増しているのは、データ活用の要求が高まっており、データベースの設計を変える頻度が高くなり続けているからです。構築時の設計を守り、定型的な運用保守をするスタイルから、設計を動的に変更しながら可用性や性能およびセキュリティーを確保するエンジニアリングに変わることが求められます。

　これまでの運用の現場では、作業ミスを防ぐための基本動作の徹底や規律順守が重視されてきました。今後は、問題解決力や技術的な応用力といったエンジニアリング能力が不可欠となります。組織文化も大きな転換が求められます。上意下達による管理統制を重視した文化から、メンバー1人ひとりが主体的に考えて行動する自律型の組織文化へと変わる必要があります。

　データベース運用には、クラウドサービスの最新機能を活用したエンジニアリングによって、特に自動化による効率化と品質向上の面で多くの改善機会があります。本書では、データベース運用についてもテーマを設定して、自動化、品質向上しながら成熟度を上げていく取り組みを解説します。

AI活用による開発手法の変化

　AI、特に生成AIはこれからのデータベース開発に大きな影響を与えます。執筆時点では、生成AIを活用できているのは一部の先進的な開発組織にとどまります。その理由は2つあります。1つはクラウド、AIを前提としたデータベース開発スタイルは進化を続けており、明確にベストプラクティスと言える体系だった方法論が確立されているわけではない点です。

　もう1つの理由は、現状では生成AIを簡単に扱えるデータベース開発ツールがほとんど存在しないからです。生成AI自体の進歩が早く、自力で使い方をアップデートし続けるエンジニアリング能力が求められるのが現状であり、広く普及するには至っていません。

　生成AIがデータベース開発の現場に行き渡るには使いやすいツールが出てきて、こなれていく必要があるものの、難度の低い使い方から取り入れたり、活用

AIが開発・運用や機能強化にかかわる

表　AIを利用したデータベース開発・運用業務の効率化の例

AI利用とデータベースの関係性	内容	説明	エンジニアの役割の変化
開発・運用へのAI利用	クエリー開発の効率化	生成AIを利用して自然言語による指示でクエリーを作成、デバッグ、整形などの作業を効率化する。こうした目的に利用できるツールが存在する	ツールを利用して効率化できるよう開発のプロセスを再考する。クエリー開発の流れを細かくタスク分解して、AIを利用したプロセスに再構成。ツールに入力する情報の品質向上、生成されたクエリーの品質管理が重要になる
	問い合わせ性能最適化	データベースが効率的にクエリーを実行するためのクエリー書き換え、索引の追加・変更の提案、実行計画の補正をすることで性能を改善する	工数のかかる改善案作成が大幅に短縮される。改善案の効果と合わせてデメリット、保守性などを判断して採用案を選択する知見は必要
	自然言語によるクエリー	自然言語（日常の言葉）を利用してデータベースに問い合わせができる。例えば「今年の1月～3月までの売り上げを昨年比と一緒に教えて」「東京に住んでいる60歳以上の顧客リストを表示して」といった質問をすることで望みの結果を得られるようにする。技術者・専門家ではない人が利用できるようにすることでデータ活用が進み、意思決定のスピードが向上する	データ抽出の作業の一部を非エンジニアである業務担当者自身が実行できるようになり作業負担が軽減。意図通りにデータ参照できるかの精度を高めるには、データベースの定義をビジネス用語で説明するメタデータ管理を推進する
	標準化と品質管理	データモデルが標準化規約に沿っているかを生成AIに判定させてフィードバックを得るなど、標準化や品質管理を効率化できる。規約違反の内容と改善案の説明を生成させることができ標準化の実効性を高められる	規約の作成と品質管理する仕組みの構築・改善が重要な役割となる。データベースのインフラ管理を担当するエンジニアであっても、生成AIやツール、コードを組み合わせた仕組みを作るスキルが求められるようになる
AIを活用するデータベース機能の強化	ベクトル検索	ベクトル化したデータを利用することでデータの類似性検索が可能となる。既存データベース内のデータを再利用してベクトル検索できる	ベクトル化したデータの取り扱いが求められる場面が出る可能性がある
	RAG（検索拡張生成）	生成AIと情報検索（自社独自のデータや外部データ）を組み合わせることで、利用者の求めたい情報をより信頼性高く提供することを可能とする	各種ベクトルデータベースの特徴を理解して選定、構築できることが求められる
AIによる保守運用性の強化	セキュリティー対策	異常なアクセスやデータベースクエリーパターンを自動検出してセキュリティー脅威に対する対応を実施する	データベースセキュリティーに関する知見を得てリスク判断、改善策の計画と実行ができるスキルが必要になる
	自律的なデータベース運用	データベース管理者を介在させずに自律型の運用ができる・クエリー性能の自動チューニング（索引作成など）・パラメーターの自動変更・リソース割り当ての変更(CPU、メモリー)	自動改善機能の多くはポリシーを設定し、どの範囲で働かせるのか有効・無効を管理できる。動作内容などリスクを理解して制御する知見が必要になる

する仕組みをつくったりはできます。クエリー開発やデバッグでの利用、設計品質レビューの仕組みづくりなどです。本書ではテーマを設定して説明します。

浸透が進まないデータベース開発のナレッジ

ネット上にはクラウドサービスや AI を利用した新たな手法が豊富に存在する一方、自らが所属する開発組織にどのように取り入れればいいか判断に迷うことが多い現状があります。クラウドが一般化した現在、開発組織のメンバーそれぞれが、データベース開発について異なる課題を持っています。

・管理者

開発チームの多くの管理者は、チームが新しい技術に適応できていないとの課題を認識しています。事業会社であれば先進企業との格差の広がりを感じており、ベンダー企業であれば顧客の要望の変化について行けないといった問題意識を持つケースが散見されます。新たな開発スタイルについて言語化、消化できておらず、技術知識とノウハウの獲得方法、チームの文化を変える進め方に苦心している状況が見られます。

本書では、クラウドが一般化した現在のデータベース開発業務のあり方や、アーキテクチャーと方式設計のポイントを取り上げます。データベース開発・運用業務を最適に実行するためのエンジニア組織とその文化についても考察します。

・シニア（ベテラン）エンジニア

多くのシニア（ベテラン）エンジニアが、急速に進展するクラウド技術への適応に課題を感じています。クラウドを利用するプロジェクトは期間が短くなる傾向があり、キャッチアップしてすぐに業務をこなすのは困難な面があります。

このような状況では自身の市場価値の維持に不安を抱えることにもなりかねません。日々の業務に追われ、体系的な学習時間を確保できないことも課題となっています。限られた時間で効率的に最新動向を把握したいというニーズを持つ人

が多いのがこの層です。

　本書ではデータベース開発における技術変革のエッセンスを簡潔に解説します。特に、クラウド環境における代表的なユースケースを取り上げ、アーキテクチャー設計や方式設計のポイントを分かりやすく説明します。

・若手エンジニア
　筆者が知る若手エンジニアの多くは、クラウド環境での開発作業はこなしているものの、その技術的な理解が表面的なレベルにとどまっているのではないかといった不安を抱えています。問題解決の場面に直面した際、本質的な解決能力が身についているか自信が持てないような状態です。

　例を挙げると、「クラウドではデータベース基盤の設計は不要で利用するだけだと思っていたが、性能劣化やコスト高騰の問題が発生して戸惑った」「クエリーの実行に時間がかかる場合はデータベースサービスのサイズを大きくすればいいと思っていたが、実際にはそれでは改善せず原因もよく分からない」といった経験をしています。

　本書では、クラウドネイティブな環境におけるデータベース開発・運用業務にはどのようなものがあるかを説明します。クラウドで不要になった業務、変わらず重要な業務を理解した上で、その業務を実行する際の考え方とアプローチを解説します。

クラウド技術とデータベース選択の変化

　以下でクラウドがデータベース選択に与えたインパクトと、クラウド上でのデータベースの種類について概観します。詳しくは第1章以降で解説します。

クラウド以前

　リレーショナルデータベース（RDB）は長い間システム開発で使われるデータ

ベースの中心になっています。以前から当然のように利用されているため、開発者にとって使い慣れた RDB 以外を使うという発想を持つ機会が限られていました。RDB に合わせ、開発者が工夫してアプリケーションを実装していたというのが実情です。RDB 以外の選択肢があっても一部の先進的な企業での利用にとどまり、エンタープライズ領域での利用は広まりませんでした。

　データベースを継続的に利用するには以下のようなデータベース製品固有の運用管理スキルの習得が前提となります。新しい種類のデータベースを習得して本番運用できるようにするには多大な学習コストと経験値が必要になります。アーキテクトや管理者にとって利用の意思決定は困難なことでした。

・拡張性（スケーリング）
・高可用性（冗長構成）
・バックアップ、リカバリー運用
・セキュリティーの確保
・パッチ適用
・運用監視
・トラブルシューティング

クラウドの普及によるデータベース利用の変化

　クラウド技術の普及でデータベースを利用する際の考え方は大きく変わりました。ここでは以下の 3 点だけを挙げます。

1、データベースサービス化（マネージドサービス）による多種多様なデータベースの提供
　クラウド事業者が RDB だけでなく、RDB 以外のデータベースもマネージドサービスとして提供しています。マネージドサービスではデータベースの設計と構築、運用管理の多くが自動化・簡素化されており、利用のための学習コストが劇的に下がりました。この結果、データベース利用のハードルが下がり、開発者が主体的にデータベースを選択して利用できるようになりました。

2、柔軟なスケーラビリティー

スケールアップ（スケールダウン）を必要に応じてできることから、ビジネスの規模や成長に合わせて最適な性能で利用できます。設計工程で厳密なサイジング（CPU やメモリー、ストレージの必要スペックを見積もること）をせず、運用に入ってから状況に合わせて調整するスタイルも一般化しています。

3、コスト低減

従量課金で低いコストで利用できるようになったこと、サービス化でインテグレーションコストが低下したこと、などによってデータベースを安価に利用できるようになりました。データベースの世界では、コストが下がると次の成熟化の段階に移行することが求められるという変化が繰り返されてきました。

この影響が大きく現れた 1 つの領域がデータウエアハウス（DWH）です。従来は初期投資に数千万円かかっていたような本格的な DWH が従量課金で利用できるようになったため、データ活用に投資が向かうようになりました。その結果、様々な種類のデータベースを利用して価値あるデータの活用やサービスの開発に人材と予算を振り向ける動きが生まれています。

アプリケーションに最適なデータベースを、開発者が現実的に使い分けられるようになったことも、クラウド技術がデータベース開発に与えた変化だといえます。データベースの選択において重視される評価軸は様々です。以下で説明する技術的な特徴に加え、開発チームがナレッジやノウハウを習得して保守工程まで開発生産性を維持できるかもポイントになります。

データベースの種類別ユースケース

データベースの種類ごとの大まかな特徴を整理して、主なユースケースを挙げます。

・リレーショナルデータベース

最も一般的に使われているデータベースであり、「あらゆる」システムに利用

できます。データの整合性と信頼性が重要なケース、複雑なクエリーを効率的に処理したいケースには特に強みを発揮します。半面、高頻度のトランザクションが発生するケースでは性能の限界を迎えやすい問題があります。

・キーバリューストア（KVS）

　キーとバリューのシンプルなデータモデルを前提として高い性能で処理できることから、「Web アプリケーションのログイン情報やセッション管理」「IoT（インターネット・オブ・シングズ）デバイスからの高頻度なデータの処理」といった特定のユースケースで使われます。

・ドキュメント型データベース

　キーバリューストアと類似しますが、スキーマ構造を厳密に定義する必要がないのが特徴です。これも特定のユースケースに使われます。例えば「多様な商品を扱う e コマースにおいて、商品ごとに異なるデータ定義（サイズ、色、機能）

データモデルが異なる

表　データベースの種類

データベースの種類	データモデル	特徴	弱み
リレーショナルデータベース（RDB）	表形式	正規化された複数のテーブルを利用した複雑なデータ操作が可能。多様な処理内容を実装でき幅広い用途で利用できる	非常に高頻度なトランザクション、特に書き込み処理が多い IoT などのシステム
キーバリューストア(KVS)	キーとバリューのペア	シンプルなデータモデルを前提とした高いトランザクション性能が求められるシステムで適用できる	RDB で可能なテーブル同士の結合を伴う複雑なデータ操作や多数のデータを集計する操作の実装が難しい
ドキュメント型データベース	キーとドキュメント形式（JSON、XML）	JSON や XML などのドキュメントをそのままの形で格納できるため、柔軟なデータ保持が可能	同上
グラフデータベース	ノード（頂点）とエッジ（辺）で連結関係を表すグラフ構造	グラフ構造を利用して複雑な関係性を持つデータの操作を実装しやすい	同上

で管理する場合」「多くのセンサーを持ちそれぞれのデータ形式が異なる IoT デバイスのデータ収集」などです。

・グラフデータベース

　ノード（頂点）とエッジ（辺）で連結関係を表すグラフ構造でデータを表現し、関係性を条件にして検索できます。「ユーザーとユーザーの関連性を表す SNS の友達検索」「EC（電子商取引）サイトの購買履歴を利用した商品リコメンド」などのユースケースにフィットします。

第 1 章

リレーショナルデータベース

1-1 クラウドで独自の進化
多様な選択が可能に ………………………………………… 20

1-2 データベース開発
クラウドと AI 活用で生産性向上 ………………………… 32

1-3 ベクトル DB として使える RDB
ベクトル検索と RAG への応用 ………………………… 48

1-4 データベース運用
クラウドで大幅な自動化 ………………………………… 62

第1章　リレーショナルデータベース

1-1

クラウドで独自の進化
多様な選択が可能に

　リレーショナルデータベース（RDB）の進化はクラウドで起こっているといっても過言ではありません。最新の機能追加や非機能要件の改善は、クラウド環境を優先して実装されるのが主流となっています。

　一部の機能・要件についてはクラウド環境専用の実装となるケースも増えています。例えば大幅な性能向上、AI（人工知能）を活用した運用の自動化、デフォルトで暗号化されるといったセキュリティーレベルの底上げなどです。

　ユースケースに合ったリレーショナルデータベース管理システム（RDBMS）を選ぶことは、開発生産性や非機能要件の充足につながります。以下ではRDBの特徴を押さえた上で、オープンソースソフトウエア（OSS）のデータベース（DB）を利用するハードルが下がり、多様な選択ができるようになった現状を説明、主要なRDBMS、DBサービスの特徴を整理します。

特徴はクラウド以前と変わらない

　RDBの基礎を成すデータ形式とデータ操作については、クラウド以前から変わるところはありません。基本的な特徴を押さえておきます。

・ACID特性

　RDBMSはACID特性を備えており、トランザクション処理に強いのが特徴です。ACIDとは、Atomicity（原子性）、Consistency（一貫性）、Isolation（分離性）、Durability（永続性）の頭文字です。ACID特性を備えることで、データが同時に更新されてもデータに矛盾が生じることがなく、DBが一時的に停止してもデータは永続的に利用できます。信頼性が高く、堅牢（けんろう）なデータストアと

いうニーズに応えるための特性です。

・データを表形式で保持

　RDBは事前に定義したテーブルで構造化データを管理するDBです。データを「表（行と列）」形式で保持します。データの冗長性を排除し、整合性が保てるように表を適切に分割することを「正規化」といいます。正規化すると表と表は関係性（リレーション）を持つことになります。RDBにおけるリレーションとは、「行と列の関係」「表と表の関係」の2つを意味しています。

　表形式は開発者にとって理解しやすく、多種多様な業務で利用するデータを幅広く表現・格納できる特性を備えます。

・SQLでのデータ操作

　RDBの操作に使うのがSQL（Structured Query Language）です。ユーザーが取得したいデータを得るには、複数の表の組み合わせ（JOIN句）、特定条件の追加（SELECT文のWHERE条件）といった操作を必要とします。これらの操作にSQLを利用します。

　RDBのデータは構造化されており、シンプルなコードで多様なデータアクセス方法を記述できます。複雑な業務処理におけるデータアクセスを実装するニーズを満たせます。

　RDBは分かりやすく表現力が高いデータ構造とデータ操作方法を備えています。システム基盤がオンプレミスからクラウドに移っても、変わらず利用され続けているのはこうした基本特性を備えているためです。

クラウドで利用するRDBの種類

　クラウド環境のDBは、マネージドサービスとして提供されるのが一般的です。DBの構築、運用管理の多くをクラウド事業者が担います。開発者はクラウド事

第1章　リレーショナルデータベース

業者が提供しているサービスから選択します。

OSS DBの普及

　クラウドは DB の選択に大きな影響を与えてきました。特に OSS の RDB が広く使われるようになったのはクラウド環境でマネージドサービスとして提供されるようになったからです。

　クラウドで利用できる代表的な OSS の RDB は「PostgreSQL」と「MySQL（MariaDB）」です。商用利用でも DB サービスのライセンス費用が不要なことから、導入コストとランニングコストを抑えられます。商用製品が持つ独自機能を利用する必要がない場合や、スモールスタートでシステムを展開する場合は特に選択の候補に上がります。

　もちろん、クラウド以前のオンプレミスの時代から OSS の DB は利用されていました。ただ、導入において例えば自ら冗長構成を組んで実装し運用するといった技術的な難度の高さがあったり、機能的に未成熟な部分があったりしました。

　そのため OSS DB の利用に際しては一定の技術力が必要だったため、一般の事業会社への本格的な普及には至らず、小規模（利用パターンがシンプル）なシステムでの利用にとどまっていました。大規模な利用例はいわゆるメガベンチャーやスタートアップに偏っていたのが実情です。

　しかし、クラウド以降、次のように OSS DB を取り巻く状況は変化しています。

・クラウド事業者によるマネージドサービスの展開により、OSS DB を選択するハードルが下がった
・クラウド事業者による OSS DB コミュニティーへの技術的、金銭的貢献で OSS DB の機能強化が進んだ
・コミュニティーが活性化したことで技術情報が充実し、ユーザーの技術習得が以前より容易になった

OSS DB の利用を妨げる要因の多くがなくなってきたことで、普及が進みました。現在ではエンタープライズ領域における基幹システムでの利用も一般的になっています。

RDBの選択

一般のシステム開発で選択される主要な RDB について見ていきます。OSS DB の PostgreSQL、MySQL（MariaDB）、商用製品である米 Oracle（オラクル）の「Oracle Database」、米 Microsoft（マイクロソフト）の「SQL Server」を取り上げます。

アプリケーション開発を行う上で、各 RDB の機能に大きな違いはありません。商用製品は拡張性、運用管理といった DB の非機能面が充実しています。運用管理では例えばモニタリング機能として DB 性能分析、DB 管理、DB 監視といった DB 運用に必要なタスクがほぼ全て対応できるツールが提供されています。これは OSS DB にない特徴です。

PostgreSQL

PostgreSQL はエンタープライズ向けの利用が進んでいる OSS DB です。MySQL と比較すると業務系システムで実装されるケースが多い複雑なクエリー（例えば複数のテーブルの結合を繰り返す）でも比較的性能が劣化しにくい特徴があります。この点がエンタープライズ向けで利用される大きな理由です。多くのユースケースに幅広く対応できます。

クラウド事業者各社は PostgreSQL をベースにした DB サービスに力を入れて開発しています。大手システムインテグレーター数社も開発・普及にコミットするなどしており、エンタープライズ領域では比較的開発リソースを確保しやすい OSS DB です。

OSS DB は商用製品のように開発元企業による情報提供が充実しているわけではありません。そのためスキルの獲得にはユーザー自身が能動的に情報を集める

第 1 章　リレーショナルデータベース

クラウドでOSS DBも機能の充足が進む

表　主要なリレーショナルデータベース管理システム（RDBMS）の特徴

カテゴリー	項目	PostgreSQL	MySQL	Oracle	SQL Server
アーキテクチャー	得意な DB 形態	OLTP	OLTP	OLTP ／ OLAP ／ DWH	OLTP ／ OLAP ／ DWH
	ユースケース	業務システム向け	軽量かつ高トランザクションの Web システム向け	幅広い用途	幅広い用途
開発関連機能	プロシージャ	利用可能（PL/pgSQL）	利用可能	利用可能（PL/SQL）	利用可能（Transact-SQL）
	全文検索	利用可能（拡張機能 :pg_bigm を利用）	利用可能	利用可能（Oracle Text）	利用可能
	JSON 型	利用可能	利用可能	利用可能	利用可能
	verctor 型	利用可能（拡張機能 :pgvector を利用）	利用可能	利用可能	Azure SQL Database でプレビュー
	テーブルパーティション	利用可能	利用可能	利用可能	利用可能
	マテリアライズドビュー	利用可能※差分更新不可	利用可能※差分更新不可	利用可能※差分更新可能	利用可能※差分更新不可
性能関連	多様な索引など性能改善手段	充実しつつある	充実しつつある	非常に充実している	非常に充実している
	チューニングアドバイザー	なし	なし	あり	あり
拡張性	クラスター構成	Acrive/Standby（※ 1）	Acrive/Standby（※ 1）	Acrive/Active（※ 2）	Acrive/Standby（※ 1）
運用管理	モニタリング機能	なし	なし	統合管理ツールが利用可能 Enterprise Manager	統合管理ツールが利用可能 SSMS

※1　耐障害性を高める冗長化構成とした場合に更新処理できるのが1ノード（プライマリノード）のみとなり更新処理の拡張性が限られる
※2　耐障害性を高める冗長化構成とした場合に更新処理できるのが複数ノードとなり拡張性がある
OLTP：Online Transaction Processing　OLAP：Online Analytical Processing　DWH：データウエアハウス
JSON：JavaScript Object Notation　SSMS：SQL Server Management Studio

　　必要があります。日本 PostgreSQL ユーザ会（JPUG）の Web サイト（https://
www.postgresql.jp/）には日本語による豊富な情報が集まっています。
PostgreSQL エンタープライズ・コンソーシアムの Web サイト（https://www.
pgecons.org/）にはエンタープライズ領域での PostgreSQL の開発・運用に必要

な考慮点を網羅的に確認できる資料が公開されています。

MySQL（MariaDB）

同じ OSS DB である PostgreSQL と比較した場合、高い同時実行性能を持つのが特徴です。シンプルなデータモデル（例えばテーブル結合数が少ない）の OLTP（Online Transaction Processing、オンライン取引処理）を PostgreSQL より高い性能で処理できます。機能を相対的に少なく実装しており、軽量で処理を高速にできる構造になっているからです。半面、複雑なクエリーを高い性能で処理することはあまり得意ではありません。

シンプルなトランザクションを高頻度に処理する Web アプリケーションとの相性が良い点も特徴として挙げられます。その軽量さから OSS のコンテンツ管理システムである WordPress などのアプリケーションに組み込んで配布する用途によく利用されます。

MySQL は Oracle が開発しています。オープンソース版（コミュニティーエディション）と商用ライセンス版（エンタープライズエディション）などがあります。クラウドでマネージドサービスとして提供されているのはコミュニティーエディションです。

MariaDB は、特定の企業が OSS DB のコントロールを強める懸念を持ったコミュニティーによって開発されている MySQL 互換の OSS DB です。MySQL も MariaDB も通常の利用に当たって大きな仕様差はありません。ただし動作の違いが発生することがあり、完全な互換性が保証されているわけではないことに注意が必要です。

MySQL（MariaDB）の情報はコミュニティーが中心になって発信しています。日本 MySQL ユーザ会（MyNA）の Web サイト（http://www.mysql.gr.jp/）が代表的です。より深い情報を得るには、開発に関わっている著名なエンジニアのブログの発信をフォローするなどの方法があります。

Oracle Database

　商用製品としてシェアが高い RDBMS であり、オンプレミスにおけるエンタープライズ向け RDBMS として事実上の標準製品でした。現在はクラウド上のマネージドサービスとしても提供されています。RDB で唯一スケールアウト構成をとれる「Oracle Real Application Clusters（RAC）」機能を利用したミッションクリティカルシステムが多く存在しています。

　Oracle DB はハイエンドの用途で最も利用されている商用 RDBMS であり、多くの開発投資がされてきていることから、多彩な機能を備えています。近年では「コンバージドデータベース」というコンセプトを強調しており、データ種別や用途に応じて複数の DB を使い分けるという OSS ベースの考え方とは異なるアプローチを提案しています。

　例えば、Amazon Web Services（AWS）では OLTP に PostgreSQL や MySQL、データウエアハウス（DWH）に「Amazon Redshift」、キーバリュー型（KVS、Key Value Store）やドキュメント型データには「Amazon DynamoDB」を使用するなど用途に応じて異なる DB を組み合わせる必要があり、アプリケーション側もそれらに対応する必要があります。一方、Oracle は OLTP や DWH といった様々な用途を単一の DB で統合的に扱える点を強みとしています。AI を活用して DB 運用管理を自動化し、DB 管理そのものを不要とする自律型 DB「Oracle Autonomous Database」などもあります。

SQL Server

　OS の Windows や Microsoft が提供する開発言語との親和性が高いことから、同社製品を中心に利用する企業で多く導入されてきました。この状況は現在でも変わりません。Oracle DB と同様、エンタープライズ向けの機能が豊富です。SQL Server はオンプレミスだけでなく、「Azure SQL Database」という名称で Microsoft Azure 上で稼働するマネージドサービスとして提供されています。高可用性構成、自動スケーリングなどクラウドならではの利点が生かされています。

SQL Server は、初心者でもスムーズに運用できるよう配慮されているのが特徴です。GUI（グラフィカル・ユーザー・インターフェース）でインストールした後、小中規模であればデフォルト設定のまま利用可能です。Oracle DB ほど設定項目も多くありません。Azure 環境では、Azure の他のサービスとの接続性や相互運用性が高く、基盤構築、開発の生産性を保ちやすい利点があります。

製品・サービス選択の際、OSS DB はライセンスコストがかからないといった点に目が行きますが、商用製品である Oracle DB と SQL Server は開発・運用の効率を高める多くの機能を実装しています。製品の動作について企業としてサポートしている安心感もあります。表面的なコストだけでなく、人的コスト、開発速度などを総合的に評価して製品を選ぶことをお勧めします。

クラウドアーキテクチャーを利用したDBサービス

DB 処理はストレージ I ／ O（Input ／ Output、入出力）が非常に多く、データをキャッシュするためにメモリーを多く利用する特性があります。システムには高いハードウエアスペックが要求されます。したがって、大規模または性能要件の厳しい DB をクラウドで動作させるには、単にクラウド上で動作するだけでなく、性能や可用性を強化する進歩が求められてきました。

クラウドにおける DB は、クラウド事業者がハードウエアをフルコントロールできることからハードウエアレイヤーと密接に結びついた独自の進化をしてきました。ここでは、独自の進化を遂げた DB のマネージドサービスを「クラウドで機能強化されたマネージドサービス」、そうでないものを「標準マネージドサービス」と呼びます。

標準マネージドサービス

RDBMS をそのままクラウド基盤に導入してマネージドサービスとして提供しているものです。

第1章　リレーショナルデータベース

クラウドでデータベースは独自の進化も

表　「標準マネージドサービス」と「クラウドで機能強化されたマネージドサービス」

		標準マネージドサービス	クラウドで機能強化された マネージドサービス
クラウド サービス	Amazon Web Services （AWS）	Oracle、SQL Server、MySQL （MariaDB）、PostgreSQL	[Aurora] MySQL、PostgreSQL
	Google Cloud	SQL Server、MySQL（MariaDB）、 PostgreSQL	[Alloy DB] PostgreSQL
	Microsoft Azure	Oracle、SQL Server、MySQL （MariaDB）、PostgreSQL	SQL Database（SQL Server 互換）
	Oracle Cloud	Oracle、MySQL	MySQL HeatWave、Oracle Autonomous DB、OCI database with PostgreSQL
特徴		クラウド基盤を利用した標準的なマネー ジドサービス	RDB をクラウドベンダーがクラウド基盤 を利用した非機能に関する拡張機能を 提供
ユーザーにとってのメリット		インスタンスサイズ、Ｉ／Ｏ、ストレー ジ容量などのスケーラビリティーを持 つ。DB 機能をメニューとして提供して おりユーザーは選択するだけで利用が 可能	標準マネージドサービスの内容に加え て、性能・DB レプリケーション（リー ジョン内、リージョン間）の強化・同期 レベルの読み取り専用レプリカインスタ ンス機能・運用機能の強化など高いレ ベルの非機能を利用できる

クラウドで機能強化されたマネージドサービス

　RDBMS の機能をクラウド事業者が強化し、独自の付加価値をつけて提供しています。アプリケーションを変更することなく活用できます。AWS と Azure、米 Google（グーグル）の Google Cloud では OSS DB をカスタマイズした独自サービスが提供されています。Azure では SQL Server の機能を強化しています。Oracle Cloud Infrastructure（OCI）では Oracle が自社で所有する MySQL と Oracle DB の機能強化版が提供されています。

　ここでは AWS の「Amazon Aurora」を例に、強化された非機能の内容を説明します。

3つのAZに常にデータを同期

図 Amazon Auroraのデータ同期の概要

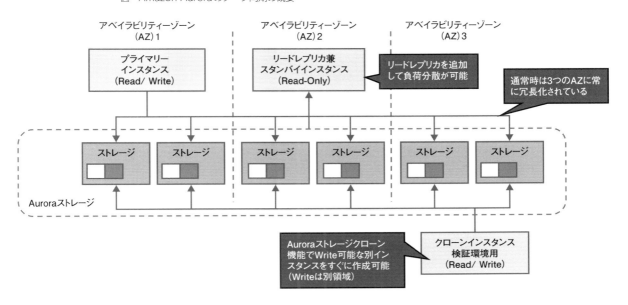

　Auroraのストレージは、3つのアベイラビリティーゾーン（AZ、複数のデータセンターで構成する設備の単位）に対して常にデータを同期することで高い堅牢性を確保しています。さらに任意のAZにリードレプリカ（読み取り専用＝Read-OnlyのDBインスタンス）を複数作成できます。

　リードレプリカは、プライマリーインスタンス障害時にプライマリーに昇格するスタンバイインスタンスの役割を兼ねられます。複雑なクラスター構成になっていながら、アプリケーションからはDB接続先となるエンドポイント（仮想的な接続先）だけを意識すればよい仕組みになっています。開発者に対して基盤の技術的複雑さを見えないようにして、DBを仮想的なサービスとして利用できるつくりになっています。

エンドポイントを利用して接続先インスタンスを自動切り替え

図　プライマリーインスタンス障害時の切り替えの概要

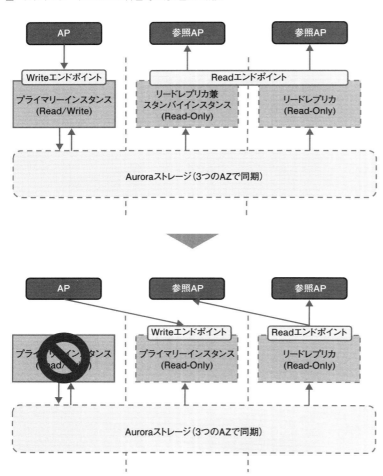

AP：アプリケーション　AZ：アベイラビリティーゾーン

1-2

データベース開発
クラウドとAI活用で生産性向上

　クラウドによるマネージドサービスの進化は、データベース（DB）設計、開発の最適なタスクの進め方に変化をもたらしています。生成AI（人工知能）の活用にたけた開発組織は、下流工程を中心として開発生産性を大幅に上げることに成功しています。一方、DB開発の上流工程ではこれまでと変わらないノウハウが求められます。生成AIによる生産性改善効果は限定的です。

　以下ではクラウドを前提としたDB開発のタスクを「変わったもの」と「変わらないもの」という視点を交えて解説します。併せて、生成AIの活用がDB開発手法に与える影響を見ていきます。

　オンプレミス中心の経験を持つエンジニアには、「変わったタスク」を理解して生産性を向上させることが求められます。一方、クラウドネイティブのエンジニアは、DB開発の全体像を把握することで、オンプレミス時代から培われてきて今もなお重要な経験・スキルを把握できるはずです。足りないノウハウが何なのかが理解できれば、生成AIを活用することで短期間でのスキル向上につながると考えています。

開発工程ごとの生産性改善効果

　一般的なシステム開発におけるフェーズ、例えば要件定義や基本設計、詳細設計といった各フェーズでクラウドおよびAIを活用すると、活用しない場合に比べて生産性の向上が見込めます。筆者の経験に基づく推測値ではありますが、運用・保守では50%生産性が上がります。開発の下流工程で効果が大きくなります。

　ウォーターフォール型の開発だけでなく、アジャイル開発でも同様の効果が見

開発の下流工程ほど効果は大きい

表　開発フェーズの概要およびクラウド活用とAI利用効果

開発フェーズ	概要	生産性上昇率[1]
要件定義	システムの目的や機能を明確にし、方向性を定める	0 ～ 10%
基本設計	システム全体の構造や主要機能を定義する。クラウドのデザインパターンを利用したアーキテクチャーを検討できる場合に効率化する	10 ～ 20%
詳細設計	基本設計を具体化し、実装可能な形に落とし込む。データベースのインフラ設計は、構成を選択肢から選んでデフォルト設定を中心に利用できる場合に特に効率化する。データモデリングなどの改善は限定的	20 ～ 30%
開発	設計に基づくプログラム開発とシステム基盤の構築。AI活用によってSQLレビューなどの効率と品質向上の効果がある。DB基盤構築作業が削減される	40 ～ 50%
単体テスト	個々のモジュールの動作確認。SQL文の品質、性能向上へのAI活用で効率改善する	40%
結合テスト	複数モジュールを組み合わせて動作を確認。テスト環境の作成・管理が効率化する。SQL文の品質、性能向上へのAI活用で改善する	30 ～ 40%
システムテスト	システム全体の動作検証。クラウドのモニタリング機能を活用して必要工数が削減される	20%
リリース	本番環境へのシステム導入と稼働開始	
運用・保守	システムの安定稼働を維持し改善する。マネージドサービスの活用と運用自動化の仕組みづくりで改善が可能	50%

[1]　クラウドの利用が定着し生成AIの活用を始めて1年が経過した開発組織を、クラウドとAIのいずれも利用していない平均的な開発組織と比較した推定値

込めます。アジャイル開発の場合、新技術の採用や難度の高い技術的課題があり、開発を始める前に技術調査やPoC（概念実証）を行うなど開発フェーズにバリエーションがありますが、工程ごとの特徴はウォーターフォール型開発と共通しています。

各開発工程におけるDB関連タスク

　DB開発の視点で見ると、要件定義や基本設計、詳細設計といった各フェーズには、それぞれDB関連のタスクが存在します。タスクはアプリケーション開発

に関連するものと DB 基盤構築に関わるものの 2 つに大別されます。求められる
スキルセットが異なるため、クラウド以前は開発チームと DB 基盤チームがそれ
ぞれ担当するのが主流でした。

　現在ではクラウドのマネージドサービスを利用することにより、DB 管理シス
テムの深い知識がなくても DB 基盤構築ができるようになっています。アプリケー
ション開発と DB 基盤構築のタスクは密接に関係しながら開発プロジェクトが進
んでいくため、単一のチームか、あるいは 2 つのチームが連携しながら進められ
る体制にするのが望ましいでしょう。

　以下では、各工程ごとに主なタスクを取り上げ、特にクラウドと AI によって
変化が起こっているものにフォーカスして説明します。

DB要件定義

・DBMS 選定
　DB の要件定義において、利用するデータベース管理システム（DBMS）選定
は非常に重要です。データモデル、DBMS の特徴（強みと弱み）を踏まえて決
定します。導入の経験が少なく、実績もあまりない DBMS を選択する際は、調査・
検証をしてリスクを解消し、プロジェクトの成功確度を高められるようにします。

・非機能要件定義
　情報処理推進機構（IPA）の定義する非機能要件グレードを基にシステム全体
の要件を定義するのが一般的です。DB について定義すべき内容には「可用性」「性
能・拡張性」「運用・保守」「セキュリティー」があります。「移行性」「システム
環境・エコロジー」は考慮が必要な場合に定義します。

　非機能要件を定めることで、DB の構成が定まります。クラウドのマネージド
サービスの場合、あらかじめ選択可能な構成パターンが用意されています。サー
ビス仕様でどのような非機能が満たされるかを定めています。マネージドサービ
スで利用可能な構成に合うように要件を調整するといった定義の決め方も一般的

アプリケーション開発とデータベース基盤構築の2つに大別

図 システム開発フェーズにおけるデータベース関連タスク

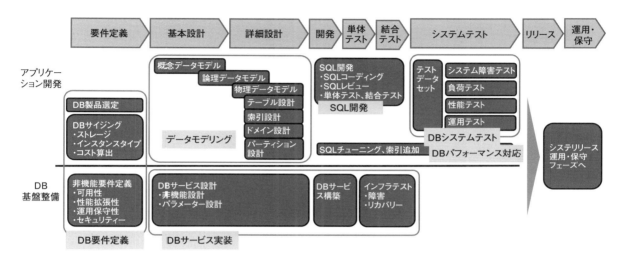

に採られるようになりました。無数にある組み合わせから要件と構成を決めるよりも効率よく定義する方法といえます。

・サイジング

システムに必要なCPUやメモリー、ストレージ容量などのボリュームを見積もることをサイジングと呼びます。サイジングはクラウドの普及によって大きく変わったタスクです。

DBマネージドサービスではインスタンスタイプを変更することによってスケールアップもしくはスケールダウンができます。ストレージサイズも柔軟に拡張が可能です。そのため、初期段階でのDBサイジングの決定に厳密さは求められなくなりました。オンプレミスでは、サーバーを購入する必要があるため、スペックについての事前の見積もりは重要であり、スキルを持つエンジニアが事前のテストや自身の経験を基に時間をかけて判断していました。

第1章　リレーショナルデータベース

「可用性」「性能・拡張性」「運用・保守性」「セキュリティー」を定義

表　非機能要件の概要

非機能要件	概要	DBの観点で定義すべき内容例	具体的要件例	DBサービスでの実装例（AWSの例）
可用性	システムの継続的な稼働と障害発生時の迅速な復旧を保証し、サービスの中断を最小限に抑える要件	・システムの稼働時間 ・障害時の復旧時間目標 ・冗長化方針 ・災害対策方針	・稼働時間:24時間365日（計画停止を除く） ・復旧時間目標：5分以内 ・リカバリー要件：DB破損時は任意の時刻に復旧 ・災害対策方針：広域災害発生時は遠隔地に切り替え	・マルチAZ構成 ・マルチリージョンレプリケーション構成 ・自動バックアップを利用したポイントインタイム（Point-in-time）リカバリー
性能・拡張性	システムの処理能力と将来的な業務拡大や利用者増加に対応できる柔軟性を確保する要件	・主要トランザクション処理数 ・同時利用ユーザー数 ・将来的なアクセス、データ増加対応	・受注処理：1秒あたり20件 ・社内ユーザー1000人（同時アクセス200人） ・トランザクションは年5%増加、データ増加は年10%を想定	・インスタンスタイプの変更（スケールアップ）で拡張 ・ストレージ容量は自動的に拡張
運用・保守性	システムの日常的な運用管理、保守作業、障害対応を効率的かつ確実に実施するための要件	・システム監視方法・バックアップ方法と頻度・DBパッチ（マイナーバージョンアップ）適用方針	・24時間自動監視 ・フルバックアップを毎日取得、トランザクションログは2時間ごとに別領域に保管し保持期間は3日 ・緊急性の高いもの以外は定期メンテナンス時に適用	・Amazon CloudWatchによる監視実装 ・自動バックアップ機能を利用 ・自動アップグレードは利用せず手動適用
セキュリティー	システム内の情報資産を保護し、不正アクセスや情報漏洩などのリスクを低減するための要件	・データ暗号化 ・DB監査方針	・データを暗号化 ・DB監査により特定テーブルへのアクセスログを取得	・透過的データ暗号化を利用 ・DB監査機能により監査ログを取得

※「移行性」「システム環境・エコロジー」は考慮が必要な場合に定義
AWS：Amazon Web Services　AZ：アベイラビリティーゾーン

　柔軟に構成できるとはいえ、予算を策定するためのコストの見積もりは通常必要となります。ストレージサイズのサイジングはアプリケーション要件を積み上げることで大まかに見積もれます。インスタンスタイプについては、PoCを実施して決めるのが理想ですが、社内の別システムの業務特性と規模から類推することも考えられます。あらかじめインスタンスタイプについては余裕を持たせて予算化し、開発を進めながら調整する方法も有効です。

　クラウドを利用する費用は一般的に米ドル建てのため、為替変動リスクも考慮

します。長期の為替変動について見通すのは困難なため、「一定の余裕を持たせる」「四半期ごとに予算とのギャップを確認する」といった対策を事前に織り込むのが不可欠となります。

DBサービス実装

　定めた非機能要件の内容を DB に落とし込む作業となります。DB マネージドサービスを利用することでこのタスクは軽減します。

・DB サービス設計

　非機能要件をマネージドサービスの持つ機能に対応させて設定を決めていきます。例えば可用性について、「稼働時間は 24 時間 365 日」を具体的要件とするなら、マルチ AZ（アベイラビリティーゾーン）構成にするといったことです。

　このタイミングで DB パラメーターを設計します。パラメーターは特別に設定すべき理由がない限りデフォルトで運用します。デフォルト値は DB を利用する際の一般的な最適値として定義されているものです。本当に必要な部分だけ変更する方針で運用をシンプルにするのがよいでしょう。DB サービスの場合、DB メモリーに関するパラメーターについては、インスタンスタイプによってメモリーサイズが異なることから自動設定となっています。

・DB サービス構築

　非機能要件をマネージドサービスの持つ機能に対応させて設定を決め、構築するのがこのタスクとなります。構築はクラウドのコンソール画面操作で作成します。クラウドを前提とすると、現在では DBMS の構築手順を学習する必要はありません。新たに学習する必要があるのが IaC（インフラストラクチャー・アズ・コード）です。コンソール画面ではなく、コードを実行してシステム構成をセットアップ、変更します。

　同じ構成（本番環境と検証環境など）をミスなく効率よく構築・管理するために利用します。インフラを担当する DB エンジニアであっても、システム構成を

定義する程度のコードを書く必要があります。コードを書いたことのないインフラエンジニアにとっては品質の高いコードをつくることに苦手意識を感じるでしょう。しかし生成 AI に目的を示してサンプルを作成させたり、改善点を指摘させたりできます。

・インフラテスト

　DB サービスが仕様として提供する機能については、通常テストの必要はありません。アプリケーションや運用手順と組み合わせた動作を確認するテストを設計、実行します。DB サービスの新機能、利用したことのない機能は、自身が理解している通りの動作になるか確認する意味でテストした方がよいでしょう。

データモデリング

　データモデリングとは、データとその関係を整理して、データ構造を設計するプロセスです。データモデリングへの、クラウドや AI の影響は限定的です。以前からあるデータモデリングの原則や手法はこれまでと変わらず重要で、今後も陳腐化しにくいスキルです。

　ただし、新たにデータモデリングの経験を積むのは困難な状況にあります。既存システムのデータモデルを流用したり、小幅な追加をしたりすることが多く、新たに本格的なデータモデルを設計するシステムが少なくなっているためです。新規性が高いシステムについても、API（アプリケーション・プログラミング・インターフェース）によって分割され、狭い範囲内だけのデータモデルを設計することになると、経験を積めません。開発の際に、意識的にデータ中心で設計を考えることが近道です。

　データモデリングはそれだけでとりわけ専門性の高い領域であり、ここでは概要のみを解説します。

　データモデリングは業務要件に基づいてデータ中心でデータ項目やモデルを洗い出し、設計プロセスを踏んでいきます。3 段階で進められます。

・概念モデル

　ビジネス関係者とシステム設計者が共通の理解を持つための土台をつくる段階です。業務で必要となるデータの全体像を整理します。例えば「顧客」「商品」「販売」といった主要なデータの種類（エンティティー）を定義したり、それらの関係（「顧客が複数の商品を購入する」「1つの商品が複数回販売される」など）を明確にしたりします。必要なデータとそのつながりを関係者全員で共有しやすくなります。この段階では主要なエンティティーとエンティティー間の関係を整理します。

・論理モデル

　概念モデルを基にデータの正確さと完全性、一貫性を高めるための段階です。詳細なデータ項目を漏れなく抽出して、エンティティー同士の関係性を整理し、「正規化」することでデータ管理に最適な構造にします。エンティティーごとに「主キー」や「外部キー」を定義し、管理すべき内容（属性）を具体的に決めていきます。システム全体でデータが一貫性を持って扱えるようになります。

　一貫性はリレーショナルデータベース（RDB）におけるデータモデリングで非常に重要な原則です。「One Fact in One Place」ともいわれ、1つのデータを1カ所だけに保持する構造とすることで、更新漏れをなくして矛盾のないデータの状態を維持できるのが正規化された状態です。この原則を守る設計をした上で、性能や開発生産性の面でどうしても正規化を崩す必要が出た場合に非正規化を検討します。

・物理モデル

　論理モデルを基にしてDBMSに実装する物理的な定義を作成する段階です。データ型や制約などを定義します。物理名称を命名してDDL（データ定義言語）を作成し、DBMSに実装できる形に仕上げます。

　ウォーターフォールとアジャイルのどちらの開発方法であっても、データモデリングのフローを必ず実施することが重要です。データモデリングの中で仕様漏

れを防ぎ、正規化された設計を基に効率的なアプリケーション開発が可能になります。特にアプリケーションとデータの保守生産性が高まり、将来的な機能追加や変更にも柔軟に対応できるようになります。

　バックエンド開発において API のデータ形式に合わせてエンティティーを設計することがあります。この場合、メリット、デメリットを十分検討します。API 優先で設計を進めると、正規化が不十分になりやすく、データの整合性の確保が困難になる可能性があります。その結果、保守性や拡張性にも悪影響を及ぼします。データ設計と API 仕様は、明確に分離して考えることが大切です。

　データモデリングの成果物として作成されるのが、ER 図（Entity Relationship Diagram）です。ER 図はモデリングの各段階で詳細を追加し、テーブル同士の関係性を視覚的に把握する重要なツールとなります。ER 図は設計段階だけでなく、開発者がデータを利用する際の参考資料としても役立ち、運用後も継続して使用します。

SQL開発

　SQL 開発は、生成 AI を活用することによる生産性向上が最も期待される分野の 1 つです。以下、SQL コーディングと SQL レビューに焦点を当てて解説します。

・SQL コーディング

　設計書をインプットして、ビジネスロジックや SQL を自動生成するところまでを生成 AI が担えれば理想ですが、2025 年 3 月時点ではそこまでは難しい状況です。通常、開発者はデータモデリングで作成した ER 図、テーブル定義、データの意味や用途についての様々な情報を基に SQL を作成しています。これらを生成 AI が総合的に活用できるような成果物になっていないことが一因です。生成 AI による設計書を基にしたソースコード生成の試みが多くなされていますが、SQL 生成の試みも急速な進歩が期待されます。

・SQL レビュー

SQL レビューは、コードの品質向上を通じて無駄な手戻りを減らし、生産性向上にも貢献する重要なプロセスです。DB 開発においては、SQL レビューに力を入れるべきであると考えています。

開発チームでは SQL 開発規約を設定し、規約適用の確認ツールの「Linter」やコード整形の「Formatter」などを活用してコードの一貫性と品質を確保しています。しかし、「テーブル結合の条件に欠落はないか」「デッドロックを防ぐためにテーブル更新順序は開発ルールに定めた順番になっているか」「大量レコードを持つテーブルへのアクセスの際は適切な絞り込み条件が指定されているか」など、ツールによる確認ではカバーできない点についてもレビューが必要です。

さらに、SQL の性能面、例えば非効率な処理や不要なテーブルスキャンがないかといった点も重要な確認ポイントとなります。

SQL 性能の確認には SQL を実行するのが最善です。ただし、開発初期段階では十分なデータが存在しないのが一般的です。そのため、レビューには DB に関する高いスキル、経験値が求められ、一部のメンバーに負担が集中する課題があります。ここに生成 AI を活用することで、効率的なレビューが可能になります。

一例として、「SQL で非効率な処理が行われていないか」というレビューを生成 AI で試した例を示します。事前にテーブル定義は入力しており、詳細なプロンプトはここでは省略しています。

生成 AI の提案の妥当性は開発者が確認する必要はあるものの、開発者自身が生成 AI の提案を参考にして改善できるようになり、品質が底上げされた上で高スキルのレビュアーの負担を減らせます。

・SQL 開発と活用ツール

SQL 開発における生成 AI の活用は、他のプログラミング分野と同様、今後ますます進展すると予測されます。SQL 開発では、設計書、ER 図、DB 内のスキー

第1章　リレーショナルデータベース

生成 AI で SQL の非効率な処理を見つける

図　「SQLで非効率な処理が行われていないか」というレビューを生成AIで試した例

```
ChatGPT-4oを利用

SQLを書き換えることで効率的になる場合は書き換えてください。
(Window関数が使えればpartition byをつけてテーブル参照の回数を最小とする)
```
SELECT ol.ol_o_id, ol.ol_d_id, ol.ol_o_id, ol.ol_number, ol.ol_quantity,
ol.ol_amount,
o.o_entry_d, o.o_carrier_id, o.o_ol_cnt
FROM order_line ol
JOIN (
SELECT c.col_w_id, c.col_d_id, c.col_o_id
FROM (
SELECT ol_w_id, ol_d_id, ol_o_id
FROM order_line
GROUP BY ol_w_id, ol_d_id, ol_o_id
HAVING COUNT(*) > 10
) b
JOIN order_line c
ON b.ol_w_id = c.col_w_id AND b.ol_d_id = c.col_d_id AND b.ol_o_id = c.col_o_id
GROUP BY c.col_w_id, c.col_d_id, c.col_o_id
HAVING SUM(c.col_amount) > 50000
) d
ON ol.ol_w_id = d.ol_w_id AND ol.ol_d_id = d.ol_d_id AND ol.ol_o_id = d.ol_o_id
JOIN orders o
ON ol.ol_w_id = o.o_w_id AND ol.ol_d_id = o.o_d_id AND ol.ol_o_id = o.o_id;
```
```

▼

改善前のSQLでは、order_lineテーブルを3回参照していましたが、改善後のSQLでは1回の参照
に削減されました。
SELECT ol.ol_w_id, ol.ol_d_id, ol.ol_o_id, ol.ol_number, ol.ol_quantity,
ol.ol_amount,
o.o_entry_d, o.o_carrier_id, o.o_ol_cnt
FROM (
SELECT ol_w_id, ol_d_id, ol_o_id, ol_number, ol_quantity, ol_amount,
SUM(ol_amount) OVER (PARTITION BY ol_w_id, ol_d_id, ol_o_id) AS
total_amount,
COUNT(*) OVER (PARTITION BY ol_w_id, ol_d_id, ol_o_id) AS cnt_ol_number
FROM order_line
) ol
JOIN orders o
ON ol.ol_w_id = o.o_w_id AND ol.ol_d_id = o.o_d_id AND ol.ol_o_id = o.o_id
WHERE ol.cnt_ol_number > 10 AND ol.total_amount > 50000;

マ定義、開発規約、テーブルの想定レコード数などの DB 開発固有の情報が総合的に必要になります。これらをインプットし、効果的に活用して SQL コーディング、レビューに生かせる生成 AI ツールの普及が、開発品質の向上と生産性向上に寄与するでしょう。

　実際、生成 AI を活用する開発ツールは既に登場しています。例えば米 Oracle（オラクル）の「Select AI」は自然言語による SQL 生成が可能であり、国内の SI 企業であるシステムインテグレータの DB 開発支援ツール「SI Object Browser」は、自然言語による SQL 生成やスクリプトの自動修正機能を実装しています。これらのツールのさらなる発展が期待されます。

DBのシステムテスト

　システムテストは、システム全体が要件を満たしているかを確認するプロセスです。様々な運用ケースを想定しながら、DB エンジニアはアプリケーションテストを支援するとともに、DB 自体の正常性や性能を確認する役割を担います。

　クラウドではテストを実行する作業、性能や障害の状況をモニタリングする作業も効率化されます。特に DBMS 固有のコマンドなどでのオペレーションを実行する機会が少なくなり、学習すべき内容は減ります。ただし、コンソール画面に出てくる情報の意味を理解、判断するためのナレッジは必要です。以下に、DB エンジニアが主に関与するポイントを整理します

・DB 性能テスト
　性能テスト：本番稼働を意識したデータセットを用いて、SQL レスポンス時間を測定します。

　負荷テスト：ピーク時のトランザクションをシミュレートし、SQL レスポンスや CPU、メモリー、I ／ O リソースの使用状況を確認します。

・DB 運用テスト

運用テスト：アプリケーションのスケジュールに合わせて、DBバックアップなどの運用作業の正常性を確認します。

システム障害テスト：システムコンポーネントごとの障害が発生した場合に、想定している動作になることを確認します。

クラウドのマネージドサービスでは、クラウドベンダーが提供する性能モニタリングツールを利用できます。パブリッククラウドごとに名称や細かい機能は異なりますが実現することは似ています。

Amazon Web Services：Amazon RDS Performance Insights
Google Cloud：Query Insights
Microsoft Azure：Query Performance Insight
これらのツールは、以下の機能を備えています。

DB負荷の可視化：DBの負荷状況をリアルタイムで監視し、視覚的に表示します。

性能に問題があるSQLの分析：性能に問題があるSQLクエリーを特定します。

ここまでは深い専門知識がないユーザーでも簡単に利用して問題のあるDBのリソースやSQLを特定できます。

PostgreSQLやMySQLなどのオープンソースソフトウエア（OSS）のDBでは、これらのモニタリングツールを公式には提供しておらず、性能分析には一定のスキルが求められます。クラウドのマネージドサービスが提供する使いやすいモニタリングツールは、分析作業の負担軽減につながります。

SQLパフォーマンス対応

前述したようにDBの性能上、問題があるSQLを特定するのはクラウドでは容易です。しかしさらに深掘りした原因分析、対策立案にはスキルと経験が必要

です。ここに生成 AI を利用する余地があります。

　SQL パフォーマンスの最適化は、SQL 開発の段階からシステムテストを通じて継続的に実施されるタスクです。パフォーマンス問題の対応は様々ですが、ここでは例として適切な索引の検討について見ていきます。

・適切なインデックスの検討
　データの絞り込みを効率化できるインデックスは、RDB では SQL 性能を改善する主要な手段の 1 つです。インデックス設計の品質は、DBMS の内部動作原理の理解度に影響され、難度が高い業務です。インデックスが多いと更新処理性能が低下するため、多くの SQL を最小限のインデックスで高速化することが求められます。

　ここに生成 AI を活用することで効率化できます。

　テーブル定義と高速化したい複数の SQL を指定し、生成 AI にインデックス候補を作成させる手法が考えられます。生成 AI が候補を提示すれば、開発者が精査して作成するインデックスを決定するという流れになり、設計プロセスの作業を効率化できます。

　列に合む値のバリエーション（カーディナリティー）などの要素に依存するため、最終的な確認はデータがそろった後にする必要があります。しかし開発段階でこのレベルのインデックス候補を得ることによって、著しく低い品質にはなりにくくなり、その結果として性能テストの効率が高まります。

DB開発の生産性向上のこれから

　DB 基盤整備においては、既にクラウドのマネージドサービスを活用することで効率化しています。さらに生成 AI を利用することで、開発の下流工程を中心に実用的な活用ができます。

生成AIがインデックス候補を作成

図　テーブル定義と高速化したい複数のSQLを指定して、インデックス候補を作成させた例

ChatGPT-4oを利用

order_lineテーブルに作成する索引の候補を検討したい。
「調査したいSQL」にあるのが実行するSQLである。
どのような索引を作成するのが適切か。
SQLごとに索引の候補（索引を作成する列名順に列挙）し理由を表で教えてほしい。
最後にこれらの候補を踏まえて冗長にならないように最適な索引を教えてほしい。

SQLで使用するテーブルのDDL
（省略）

調査したいSQL
（5つのSQLを指定）

推奨索引一覧表

SQL番号	推奨索引	理由
SQL 1	ol_w_id, ol_d_id, ol_o_id	主なWHERE条件を効率化。
SQL 2	ol_w_id, ol_d_id, ol_quantity	範囲条件とフィルタを効率化。
SQL 3	ol_w_id, ol_d_id	GROUP BYを効率化。
SQL 4	ol_w_id, ol_d_id, ol_o_id, ol_amount	ウィンドウ関数を効率化。
SQL 5	ol_supply_w_id	単一条件を効率化。

冗長性を排除した最適な索引設計

索引番号	列名	対応するSQL	理由
索引 1	ol_w_id, ol_d_id, ol_o_id	SQL 1, SQL 3, SQL 4	主な結合・集約条件を効率化。
索引 2	ol_w_id, ol_d_id, ol_quantity	SQL 2	範囲条件を効率化。
索引 3	ol_supply_w_id	SQL 5	単一条件を効率化。

　生成AIには誤認（ハルシネーション）のリスクがあるため、開発者を補助するツールとして使うことが重要です。それでも、従来の手作業と比べて効率的な開発プロセスを構築できる点で、その活用価値は非常に高いといえます。本書の事例のように簡単な活用から取り組むことで、品質向上や生産性向上に貢献することが期待されます。

　開発組織に一律のプロセスを当てはめて組織としての開発生産性を高めたいと考える管理者にとっては、個々のエンジニアの生成AI利用スキルに依存する課

題があります。生成 AI を活用した DB 開発ツールが発展した際に取り入れるか、独自に作成するかを検討するとよいでしょう。

第1章　リレーショナルデータベース

1-3

ベクトルDBとして使えるRDB
ベクトル検索とRAGへの応用

AI（人工知能）を利用した検索は、EC（電子商取引）サイトや文書管理を担うシステムに導入され始めています。一般的な業務システムに組み込むことも珍しいことではなくなると考えられます。以下ではデータベース（DB）と関連が高く、システム開発に取り入れられることの多いベクトル検索とRAG（Retrieval-Augmented Generation、検索拡張生成）を取り上げ、解説します。

RDBをベクトルデータベースとして活用する

ベクトル検索はベクトルDBを利用して実装します。ベクトルDBには様々な実装があり、単独で製品化されているものもあれば、AIプラットフォームに統合されたもの、既存のリレーショナルDB（RDB）やNoSQL DBに新たな機能として追加されたものがあります。RDBをベースに実装することで、SQLによるフィルタリングや結合操作と、最新のベクトル検索を統合できます。

ベクトルDBは、意味の類似性から情報を検索できるDBです。自然言語処理技術を基にしており、キーワード検索よりも柔軟な検索システムを構築できます。近年は生成AIとRAGの組み合わせで注目が高まっています。RAGを有効に機能させるのがベクトルDBです。ベクトルDBは、ベクトル化したデータを格納する機能と、ベクトル化したデータを検索する機能を提供します。アクセス制御、高可用性、バックアップ／リカバリー、モニタリングなどは以前から存在するDBと同じ機能性が求められます。

主要なRDBは、ベクトルDBの機能を取り込み、通常の業務データとベクトル化したデータの両方を利用できるようになっています。前述のようにベクトルDBには様々な実装がありますが、ここではRDBをベクトルDBとして利用し、

AI 開発に取り組むケースを取り上げます。

　RDB をベクトル DB として利用するメリットは学習コストが低いことです。ベクトル化したデータの処理の仕方さえ習得すれば開発に利用できます。RDB を利用する場合、SQL などの RDB の技術を使ってベクトル化したデータを扱えます。

ベクトル検索のユースケース

　ベクトル検索は、次のようなシステムへの実装が進んでいます。

・EC サイト
　EC サイトでの商品検索は、ユーザーが入力した検索ワードと似た意味の情報を持つ商品を検索結果として応答できます。例えば検索ワードの類義語を含む商品や、文章の文脈が似ている商品などを回答として表示させられます。

・FAQ ／コールセンター
　問い合わせに対して文脈が近い内容を探し出せます。例えば Web 上の FAQ システムで、顧客が入力した問い合わせの内容と意味が近い質問と回答の例を表示できます。コールセンターでも社内システムで過去の問い合わせと回答を検索し、意味が近い回答をすぐに得られます。

・開発・運用業務で利用する資料検索
　システム開発や運用の業務で資料を探す機会はよくあります。ベクトル DB を使った意味の類似性で検索できる文書管理システムであれば、正確なキーワードが分からなくても要件や設計内容、議事録などの文書を短時間で探し出せます。

・画像検索
　類似画像の検索も、意味の類似性が高い情報を取り出すベクトル DB であれば可能です。画像の他、動画、音声などのデータも類似性を判断できます。

ベクトルDBを採用してベクトル検索を実行

図　RAGシステムの概要

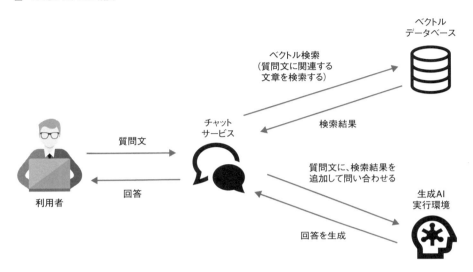

・RAG

　RAGは生成AIの回答精度を高めるために、質問文に関連する情報などを渡す仕組みです。関連情報をその場で学習した上で回答を生成できるようになります。

　一般的な業務システムやWebアプリケーションなどに検索機能を実装することもあります。問い合わせ履歴、Webサイト内の類似文章、入力された文字列に対して正しい候補を提示するなど「情報を探す」機能を実装して一覧表示するのはシステムに対するよくあるニーズです。

　いずれのケースも意味や文脈を「理解」して、類似性の高い情報を取り出す必要があります。意味が似た情報を検索することを「セマンティック検索」と呼びます。ベクトルDBを活用した検索システムは、セマンティック検索を実現する手法の1つです。

1-3 ベクトルDBとして使えるRDB、ベクトル検索とRAGへの応用

ベクトル検索の仕組みとシステム構成

意味や文脈を「ベクトル化」したデータを蓄積

検索ワードと一致していなくても、類義語など意味が似た情報をどのように取り出せるのか、以下で仕組みを示します。

ベクトルDBは、単語や文章といった情報の意味を抽出したデータをストア（蓄積）し、検索データと意味が近い情報を取り出す仕組みを提供します。手法はシンプルです。情報をベクトル化したデータに変換（エンベディング）し、ベクトル同士の近さで意味の類似度を判断します。

ベクトル化とは、人間の言語感覚に近い「意味」や「文脈」を数値化し、ベクトルの形で生成することです。言葉などが一致していなくても、数値化したデータの「近さ」によって類似度を判断できます。検索に応用すれば、意味が近いものを検索結果として導けます。

類似度を計算する手法は幾つかあります。一般的に用いるのは「コサイン類似度」です。2つのベクトル間のコサイン角度（$\cos \theta$）を計算し、-1〜1の間に数値化したものです。1に近づく（ベクトル間の角度が小さくなる）ほど意味が似ている、-1に近づく（ベクトル間の角度が大きくなる）ほど似ていないと判断します。この他、2つのベクトルの直線距離を用いる「ユークリッド距離」や、2つのベクトルの内積から判断する「最大内積」などの計算手法もあります。

主要なRDBの最新バージョンはベクトルデータをストアできる「ベクトル型」をサポートしています。ベクトル型を含むテーブルを作成し、SQL構文で挿入、参照できます。関数や演算式の使い方を覚えるだけです。

言語モデルでテキストをベクトル化

データのベクトル化は、テキストであれば「言語モデル」で生成します。デー

51

2つのベクトル間のコサイン角度で「類似度」を判断

図　「コサイン類似度」の概要

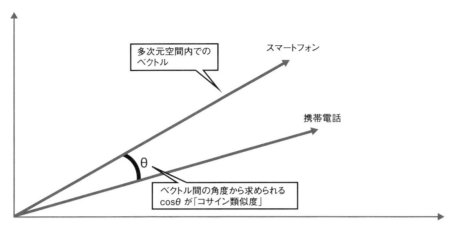

　タの意味や文脈を理解できるように、特定のアルゴリズムで学習させてつくられた機械学習モデルのことです。人間にとって、より自然な言語感覚に近い検索体験を提供する基礎となります。なお、画像の場合は画像処理に対応するモデルを使ってベクトル化します。

　ベクトル化に使うモデルは一般に、オープンソースとして公開された事前学習済みのモデルを利用します。言語モデルであれば、例えば米Google（グーグル）の「BERT」やその派生モデルなどが該当します。言語モデルによって学習データや学習方法が異なるため、言語理解も異なったものになります。その結果、生成されるデータも変わってきます。

　技術的には自力でも言語モデルの開発はできます。例えば、自社が属している業界や業務に特有の知識について、公開済み言語モデルが学習していない場合などが考えられます。ただし、モデルを開発する難度は高く、一般的ではありません。

同じ言語モデルでベクトル化
図　言語モデルでのエンベディングとベクトルデータベースでの類似度計算の構成概要

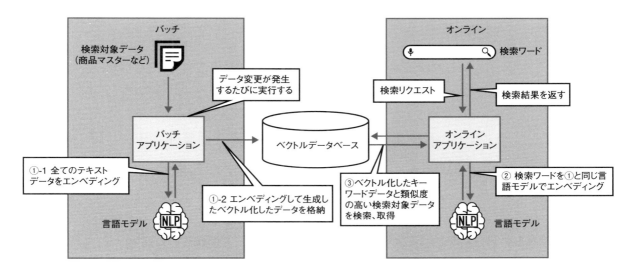

　テキストデータを例に、言語モデルがベクトル化する流れを説明します。まず、ユーザーがアプリケーションに単語や文章などのテキストデータを入力します。続いてアプリケーションが、言語モデルの実行環境のAPI（アプリケーション・プログラミング・インターフェース）を呼び出してテキストデータを入力します。言語モデルは受け取ったデータをベクトル化してアプリケーションに返します。

　この仕組みを実装したベクトル検索を提供するシステムの構成を確認します。まずは商品マスターなどの検索対象データをベクトルDBにストアします。具体的には、バッチアプリケーションが検索対象データを言語モデルに入力し、データをベクトル化します。このベクトル化したデータをDBに格納します。データに変更が発生する度に同じ処理を施して更新します。

　一方、ベクトル検索を実行するオンライン側は、オンラインアプリケーションがバッチ側と同じ言語モデルに検索ワードを入力して、言語モデルが検索ワードをベクトル化します。ベクトル化したデータを受け取ったオンラインアプリケー

第1章　リレーショナルデータベース

ションは、類似度の高いデータを DB にリクエストして取得します。取得したデータを検索結果として返します。

　言語モデルが登場することを除けば、一般的なシステムと同様の流れだと分かるでしょう。DB 開発の多くのノウハウがそのまま生かせます。

RDBの特徴とベクトル検索の実装

　主要な RDB は最近のバージョンでベクトル化したデータを処理する機能を追加しています。

既存のリレーショナルデータベースにベクトルデータベース機能を加える

表　ベクトルデータベースとして利用できる主なリレーショナルデータベース

サービス・製品	概要	ベクトルデータ型	ベクトル検索	ベクトル化
Oracle Database 23ai	Oracle Database 23ai でベクトル検索機能（ベクトルデータストア、インデックス、言語モデルのホスト）を追加実装。ベクトル化、高速化機能がある。オプション料金なしで利用可能	○	○	○
PostgreSQL（拡張機能である pgvector で実現）	PostgreSQL の拡張機能。PostgreSQL をベースとしたクラウド上のデータベースサービス（Amazon Aurora、Amazon RDS、Azure Database for PostgreSQL、Cloud SQL for PostgreSQL など）で利用可能。ベクトル化には外部での実行が必要	○	○	×
MySQL	MySQL 9.0 でベクトルデータ型を実装しベクトル化したデータをストアできる。ベクトル検索は商用サービスである MySQL HeatWave、Cloud SQL for MySQL などで利用可能	○	×	×
SQL Server	Azure SQL Database でプレビュー段階。SQL Server 2025 に実装される予定	△	△	×

ベクトルデータ型：ベクトル化したデータをネイティブな形式でストアするデータ型のサポート状況
ベクトル検索：意味的な類似度で検索処理する機能をデータベースエンジンとして実装しているか
ベクトル化：データベース内で文字列や画像などをベクトル化する機能を有しているか
※ オープンソースソフトウエア（OSS）DB の場合はコミュニティー版（拡張機能の導入を含む）で利用できるかどうかを記載
※ 表中の△は、プレビュー段階（ユーザー評価段階で商用利用前の状態）であることを示す

PostgreSQLは拡張機能でベクトル検索が可能に

図　PostgreSQLの拡張機能「pgvector」を利用したベクトル検索実行例

PostgreSQL

```
SELECT f.id,
    question,
    f.answer
FROM faq f
WHERE f.category = $1
ORDER BY f.embedding <-> $2::vector
FETCH FIRST 3 ROWS ONLY;
```

　「PostgreSQL」は「pgvector」という拡張機能でベクトル検索をできるようにしています。PostgreSQLをベースにしたクラウド上のDBサービスでも利用できます。

　前述したように事前に言語モデルでベクトル化したデータをSQLで挿入（INSERT）します。ベクトル検索する際はSELECT文に「ORDER BY [ベクトル型の列]名] <-> [ベクトル化したデータ]」と記述します。こうすると、[ベクトル化したデータ]に意味的に近い順で[ベクトル型の列名]に格納されたデータを取得できます。

　"<->"という演算子が、pgvectorでコサイン類似度を計算した結果を取得する処理を意味します。キーワード検索するSQLを少し修正すれば、ベクトル検索するSQLにできます。既存アプリケーションの検索機能をベクトル検索に変更する修正作業は比較的容易です。同じようにUPDATE文、DELETE文で通常のデータ型や行のように操作できます。

　MySQLとSQL Serverについては2025年1月時点ではベクトル型、ベクトル検索が正式サポート前ですが、正式版がリリースされる予定です。

　「Oracle Database 23ai」でもベクトル化したデータをストアする新たなデータ型と検索機能をサポートしています。パーティショニングの機能を利用するとベ

Oracle Database 23aiは新データ型をサポート

図　Oracle Database 23aiでベクトル検索する例

定義

```
create table faq (
id number,
question verchar2(500),
answer verchar2(500),
embedding VECTOR
);
```

SELECT 文

```
SELECT f.id,
f.answer
FROM faq f
ORDER BY VECTOR_DISTANCE (
        VECTOR_EMBEDDING (doc_model USING 'パスワードを忘れてしまいました。どうすればいいですか?' as data),
        f.embedding
)
FETCH FIRST 3 ROWS ONLY;
```

クトル検索を高速化できるなど、商用ならではの機能も備えます。

　SQL の記述方法は RDB ごとに「方言」はあるものの、どの RDB でも似ています。1つの RDB で記述方法を覚えれば、他の RDB にもノウハウを流用できます。

　大半の RDB は、ベクトル化したデータのストアと検索機能だけをサポートしますが、Oracle Database 23ai は言語モデルによるベクトル化に対応しています。DB の中に言語モデルを取り込んで、DB 内または SQL ／プロシージャーで与えたデータをベクトル化できます。この機能を利用すると、データをベクトル化するための言語モデルを動作させる基盤が不要になります。Oracle Database を利用している業務システムは、システム構成を変えることなくベクトル検索機能の追加が可能です。

ベクトル化するための言語モデルの用意は不要

図　Oracle Database 23aiでのベクトル検索実装例

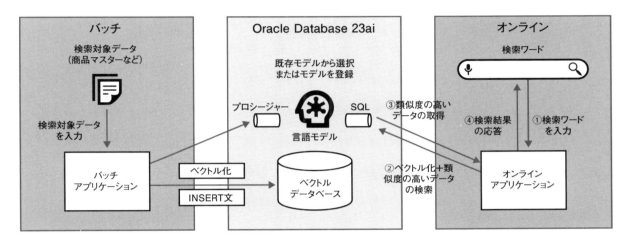

精度と速度のチューニング

　ベクトル検索に限らず、検索においては正確な検索結果を早く得られることがユーザーニーズです。キーワード検索では、指定されたワードの類義語や語幹でも一致するデータを取得して精度（正確さ）を高めるチューニング手法が一般的です。この点、ベクトル検索はまったく異なるアプローチを取ります。

　ベクトル検索で精度を高めるには次の手法を組み合わせます。

・言語モデルと次元数の選択
　検索対象の文章や言葉をよりよく理解している言語モデルを選びます。もしくは自社データを学習させた独自の言語モデルを開発します。いずれの場合も、ベクトル化したデータがいくつの数値から成るか（次元数）の設定値を上げると、データの意味をより正しく維持しやすくなり、検索精度が高まります。

　次元数を上げると計算量が増えて速度が低下するというトレードオフの関係が

あります。執筆時点では1000 ～ 2000前後の次元数がベストプラクティスと言われています。他の要素の影響を受けるため、次元数だけで決められるものではありません。

・データの品質向上
　検索対象の文章や言葉、検索ワードがより正確になるように品質を上げます。データの品質が低いとベクトル検索の精度も低くなります。

・複数の検索手段の組み合わせ
　「カテゴリー」で絞り込んだ上でベクトル検索によって意味的に類似度の高い順にデータを取得する、というように条件検索とベクトル検索を組み合わせます。または複数の種類のデータに対してベクトル検索を実行し、類似度が総合的に高い順にデータを取得します。

・インデックス選択と検索範囲
　ベクトル検索では速度を保つためにインデックスを利用します。総当たりでコサイン類似度を計算するのは非常にコストが高く時間がかかりすぎるためです。インデックスの種類として、執筆時点では「近似最近傍検索（ANN：Approximate Nearest Neighbor algorithms search）」と呼ぶ形式の利用が主流です。

　インデックスを利用する際は検索（コサイン類似度を計算）する範囲を指定します。この考え方はベクトル検索特有であり、RDBでの開発とは異なる点です。検索する範囲を限定することで、計算量を減らして高速化するという発想になります。

　検索範囲を限定するほど、類似度が高いにも関わらず検索範囲から外れて検索にヒットしないデータが多くなり精度が落ちます。インデックスを利用した検索でも精度と速度のトレードオフの関係が存在します。

ここまで見てきた通り、ベクトル検索のチューニング手法のほとんどはデータサイエンティストやデータエンジニアのスキルセットに属します。精度と速度をチューニングし、維持していくにはデータサイエンティストやデータエンジニアのスキルを習得するか、スキル保有者を開発体制に入れる必要があります。

大きく分けても4つのチューニング手法があるため、その組み合わせは膨大です。精度と速度がどうなるかを事前に予想することは難しいため、先にPoC（概念実証）で実現性を実証してから本番システムの開発に入ることをお勧めします。

RDBとVectorDataStoreの使い分け

ここまでRDBをベクトルデータベースとして利用する場合を説明してきました。構造化データとともに、SQLでデータを抽出したい場合はRDBの利用から検討するとよいでしょう。データの整合性を保ちたい場合や、複雑なトランザクションが必要な場合にもRDBを選択します。

一方、大量のベクトル検索をリアルタイムで処理する必要がある場合は「VectorDataStore」を選択する場合が多くなります。VectorDataStoreはベクトル検索に特化した分散システムとして設計されており、大規模データの高速な検索処理に強みを持ちます。ベクトル化したデータの登録や検索にはSQLではなくAPIを呼び出す形となるため、開発者がSQLに不慣れな場合や既存システムと切り出して維持したい場合は導入がスムーズでしょう。

第1章 リレーショナルデータベース

リアルタイム処理にはVectorDataStoreが向く
表 リレーショナルデータベースとベクトルデータストア（VectorDataStore）

RDB/ VectorDataStore	サービス・製品	概要
RDB	Oracle Database 23ai	Oracle Database 23aiでベクトル検索機能（ベクトルデータストア、インデックス、言語モデルのホスト）を追加実装。ベクトル化、高速化機能がある。オプション料金なしで利用可能
	PostgreSQL（拡張機能であるpgvectorで実現）	PostgreSQLの拡張機能。PostgreSQLをベースとしたクラウド上のデータベースサービス（Amazon Aurora、Amazon RDS、Azure Database for PostgreSQL、Cloud SQL for PostgreSQLなど）で利用可能。ベクトル化は外部で実行が必要
	MySQL	MySQL 9.0でベクトルデータ型を実装し、ベクトルデータをストアできる。ベクトル検索は商用サービスであるMySQL HeatWave、Cloud SQL for MySQLなどで利用可能
	SQL Server	Azure SQL Databaseでプレビュー段階。SQL Server 2025に実装される予定
VectorDataStore	Vertex AI ベクトル検索	Google CloudのAIプラットフォームであるVertex AIでベクトル検索の実行を担うサービス。小売業に特化したサービスなどもありユースケースによって適したサービスを選ぶ。高速
	Azure AI Search	Azureでベクトル検索を担うサービス。キーワード、ファセット検索にも対応
	Amazon OpenSearch Service	ElasticsearchをベースにしたオープンソースのOpenSearchをマネージドサービスにしたキーワード検索・ベクトル検索を含むサービス。AWS上で利用できる
	Qdrant	ベクトル検索の機能群、ベクトルデータベースを中心としたAIプラットフォーム
	Pinecone	ベクトル検索の機能群、ベクトルデータベースを中心としたAIプラットフォーム。Qdrantと並んでベクトル検索を中心とした独立系プラットフォームとして有力

60

第1章　リレーショナルデータベース

1-4

データベース運用
クラウドで大幅な自動化

　クラウドにより多くの運用タスクが自動化されています。データベース（DB）のマネージドサービスにおいても、従来は困難だと考えられていた自動化が着々と進んでいます。クラウドネイティブなDBサービスでは、キャパシティー管理、パッチ運用などが不要になる、あるいは大きく効率化する流れがあります。生成AI（人工知能）による障害対応の支援や自動化も実用化されてきています。

　以下では、自動化され対応不要になっているタスクとそうではないタスクについて、「自動化されたタスク」「人が実施するタスク」に分けて説明します。

自動化されたタスク

　DBのマネージドサービスでは自動化が進んでいます。サービスの種類によってその状況は異なります。

どのサービスでも自動化が進んでいるタスク

　どのDBのマネージドサービスでも自動化されているタスクには次のようなものがあります。いずれもオンプレミスではツールやオペレーションを習得して手順化、実装するのに多くの工数がかかっていました。現在はそうした学習は不要です。クラウドの利用を前提に、これらのタスクについては仕様や情報の意味を理解して適切に運用を設計できるようにします。

・バックアップ、リカバリー
　バックアップはデフォルトで有効にされており、利用者はバックアップ保持期間などを設定するだけです。バックアップ取得のためのオペレーションや、バックアップファイルの管理をする必要はありません。DBが破損した際のリカバリー

62

運用の自動化が進むデータベースのマネージドサービス

表　運用タスクの自動化状況

カテゴリー	作業項目	クラウドネイティブ	クラウド	オンプレミス
モニタリング	モニタリング機構の構築	○	○	×
	監視設計・実装	×	×	×
キャパシティー管理	ストレージの自動拡張	○	○	△
	CPU、メモリーの自動調整	○	×	×
	需要予測と増強計画	×	×	×
バージョン管理	バージョンアップ自動化	△	×	×
	パッチ適用自動化	○	○	×
	新機能の把握とメンテナンス計画作成	×	×	×
	変更情報の管理	×	×	×
バックアップログ管理	バックアップ自動化	○	○	×
	ログ管理自動化	○	○	△
障害対応	インシデント管理	×	×	×
	原因分析	△	△	×
	障害対処	△	△	×
性能改善	改善案作成	△	×	×
	改善施策判断、実装	△	×	×
セキュリティー管理	セキュリティーリスクの診断	△	△	×
	セキュリティー対策	△	△	×

※上記は傾向を示したもので一部サービス、製品では例外がある

凡例
○：自動化が進んでいる
△：一部自動化、または一部サービスで自動化が進んでいる
×：自動化が進んでいない

第1章　リレーショナルデータベース

もコンソール操作だけで実行できます。

・ログ管理

　ログ管理もデフォルトで自動管理されるようになっています。利用者はログの保持期間などを設定するだけです。ログは出力されるファイルを切り替えて保管先に退避、保持期間を過ぎたら削除する運用をします。このすべてが自動管理されます。

　ログはコンソール画面上でフィルターをかけながら閲覧することも、ダウンロードして手元で解析することもできます。チーム内で共有しながら複雑な解析をしたい場合はデータウエアハウス（DWH）のサービスに自動連携してSQLで分析できるサービスもあります。想定されるユースケースに合わせてログ管理の方法を設計します。

　ログは半構造化データです。整形しないと解析しにくい場合があります。その場合はログのデータを構造化し、解析しやすくするツールなどを利用します。ツールは多種多様です。代表的なツールを本パートの後半で紹介します。

・ストレージ領域の追加

　クラウドではDBの容量が増える際に、ストレージ領域を自動拡張します（一部のDBサービスでは手動管理が必要です）。オンプレミスでは基本的に容量を監視しておき、不足する前に拡張する操作が必要でした。

・モニタリング（実行状況の可視化）

　起動しているDBで発生しているエラー、使用しているリソース（CPU、メモリー、I/Oなど）、実行中のSQLの状況などはコンソールに表示されて視覚的に確認できます。オンプレミスではログを取得し、表示するための仕組みを自力でセットアップする必要がありました。

　モニタリング機能で表示される情報の意味を理解、解釈して正しいアクション

バージョンアップの要・不要は異なる

表　主なクラウドネイティブなリレーショナルデータベース

サービスの種類	利用できる クラウド	サーバー レス	バージョン アップ不要	サービス概要
Amazon Aurora	AWS	○	×	エンジンとして利用しているPostgreSQL、MySQLをストレージ層を中心にクラウドに最適化する修正を加えて処理性能を高めたサービス。PostgreSQL、MySQLのバージョンに依存してバージョンアップが発生
SQL Database	Azure	○	○	SQL Serverと大半の仕様を合わせる形で新たにつくられたデータベースサービス。サーバーレスにも、リソース固定にもできる。バージョンアップ、パッチ適用不要
Azure Database for PostgreSCL - フレキシブル サーバー	Azure	○	×	エンジンとして利用しているPostgreSQLをストレージ層を中心にクラウドに最適化する修正を加えて処理性能を高めたサービス。PostgreSQLのバージョンに依存してバージョンアップが発生
Alloy DB for PostgreSCL	Google Cloud	○	×	エンジンとして利用しているPostgreSQLをストレージ層を中心にクラウドに最適化する修正を加えて処理性能を高めたサービス。PostgreSQLのバージョンに依存してバージョンアップが発生
Cloud Spanner	Google Cloud	△	○	PostgreSQLと大半の仕様を合わせる形で新たにつくられたデータベースサービス。バージョンアップ、パッチ適用不要

AWS：Amazon Web Services　Azure：Microsoft Azure

につなげるのは容易なことではありません。DBでのトラブルシューティングの流れとクラウドで効率的に実行する方法については後述します。

・OS以下の層の障害対応

　マネージドサービスの場合、ミドルウエア、OS以下の層はクラウド事業者が責任を持って運用します。利用者が管理する必要はありません。業務への影響が発生する際の範囲の特定、暫定対処策の策定、根本対処などの判断、計画と実行は必要になります。管理が不要の技術スタックが多くなる分、生産性は高まります。

サービスによって進展度合いが異なるタスク

　クラウドネイティブなDBサービスの場合、さらに運用タスクの自動化が進んでいます。クラウドネイティブとはクラウドで動作することを前提としてつくられた、もしくは再設計されたサービスといった意味です。本書では、クラウドネイティブなDBは、DBがマネージドサービスとして利用できるようになった状態から一歩進み、クラウドに最適化するよう再設計されたDBを指します。

　クラウド事業者がミドルウエア以下の層を完全にコントロールできる強みを生かして再設計した結果、新しい種類のDBサービスは「サーバーレス」「バージョンアップ不要」「AIによる自動化」といった特徴を持ちます。運用タスクに次のメリットをもたらします。

・処理能力のキャパシティー管理負荷を軽減
　サーバーレスとは、DBが稼働するサーバーを指定する必要がないことを意味します。サーバーレスのDBでは、CPUやメモリー、I/Oを動的に確保・解放して、使ったリソースの分だけ従量課金で料金が発生します。利用者は確保してよい範囲を設定した上で、動的な管理に任せられます。DBサーバーのスペックを調整する必要はありません。

　デメリットは料金が割高になることです。高コストにならないようリソース消費の多い処理を特定してチューニングするなどの対処は必要です。管理が全く不要というわけではありません。この点から通常は負荷が低く、ピーク時にリソース消費量が増えるシステムにフィットします。消費するリソースの変動が小さなシステムの場合はサーバーレスにはせず、CPU、メモリーなどのサーバーリソースを固定して利用します。

　サーバーレスにするか、サーバーリソースを固定するかに関わらず、消費されているリソースのトレンドを把握し、業務イベントを考慮した需要予測を増強計画と予算に反映します。

1-4　データベース運用、クラウドで大幅な自動化

　大半のクラウドサービスはリソースのモニタリングデータを1カ月程度で削除します。保持期間を延ばすかリポートに転記するなどして、傾向分析に利用できるようにします。この分析で利用するのは時系列分析や回帰分析などの統計手法です。基本的でシンプルな分析内容で、Excelや生成AIを使って比較的簡易に分析結果を得られます。

・バージョンアップ、パッチ運用が一部で不要に
　クラウドネイティブなDBの一部は、バージョンアップやパッチ適用といった概念がなく、バージョンアップ、パッチ運用が不要になります。

　DBをバージョンアップすると、バージョン間の非互換によってアプリケーションの動作が変わることがあります。影響を確認して対応策を取るために、システムテストをしてからバージョンアップの判断をするのが一般的です。多くのテスト工数がかかり、システム運用のコストが高くなる要因の1つでした。バージョンアップやパッチ適用は一時的なDBの停止を伴うため、ユーザー調整と夜間・休日の保守作業も発生します。

　DB以外のクラウドネイティブなサービスでは、バージョンの概念がないのが一般的です。例えばオブジェクトストレージの場合、オブジェクトストレージ自体のバージョンが上がってもメンテナンスのための一時的なサービスの停止は不要です。新たなバージョンのストレージへのデータ移行を強いられることもありません。

　バージョンアップが不要なクラウドネイティブなDBには、米Microsoft（マイクロソフト）のAzure SQL Database、米Google（グーグル）のCloud Spannerなどがあります。これらは、既存のDB製品の仕様に合わせながら新たにつくられたDBサービスであり、これまでのDBサービスとは異なります。これまでのDBサービスは、エンジンとして既存のDB製品を組み込んでいるためバージョンという概念から自由になれませんでした。

67

クラウドネイティブなDBは、運用中に動的なアップデートを加えることが可能で、新機能が自動的に利用できるようになります。Cloud Spannerでは機能改善の際にスキーマの修正が必要になるなど軽微な保守作業は発生します。

バージョンアップが不要とはいっても、内部的にはソフトウエアのビルドによってバージョニングはされています。運用に影響するイベントを把握して保守計画に反映する業務は必須です。バージョン間の差異による複雑性をゼロにすることはできないものの、バージョンに煩わされる場面は大幅に減り、運用の生産性向上が期待できます。

・性能改善が自動化される

性能改善の自動化は、一部のDBサービスでのみ実現されている機能です。米Oracle（オラクル）のOracle Cloud Infrastructure（OCI）で利用できるOracle Autonomous Databaseは、SQLの性能を監視して自動的にインデックスを作成・削除する機能（Automatic Indexing）や、SQLを実行する際の実行計画を自動調整する機能を実装しています。

実行計画とは、DBがSQLをどのように処理するかを示す実行手順です。SQLの実行を受け付けた際、データの分布、SQLの内容、変数にセットされている値などによって効率の良い実行手順を作成します。

同じSQLであっても、データ量やSQLにセットされる値が変わると、性能的に最適な実行計画は変わります。生成された実行計画が性能的にいつも最適とは限らず、改善が必要になる場合があります。

自動化機能がいつも最適なインデックスや実行計画に調整してくれるとは限りません。あくまでDB内で可能な自動調整を実行する機能であり、システムの性能要件を満たすような設計にしてくれるわけでもありません。自動化機能があれば、性能劣化の頻度は下がって運用が効率化する効果を期待できますが、性能改善のノウハウや性能改善作業は依然として必要です。

1-4 データベース運用、クラウドで大幅な自動化

　性能改善で成果を出すには、具体的な改善案を考え出せる技術知識と経験値を身に付けます。SQLを改善するバリエーションは非常に多く、ベテランのDBエンジニアでも精通しているのは一部です。自動化機能に頼れない、あるいは改善が難しい場合でも、生成AIに改善のためのアイデア出しやSQL文の修正をさせることができます。技術知識が少なくてもSQLの改善にトライでき、より短時間で経験値が稼げます。

　性能については複数の対処方法から有効性、保守性、経済性などの面でメリットとデメリットを評価し、どのような施策を組み合わせるか計画・実行できるスキルが最も重要です。これからもその価値を失うことはないと考えられます。

モニタリングとログ管理の自動化でトラブル対応も変わる

図　データベースのトラブルシューティングの概要

1 初動対応と状況把握
・インシデントの検知（監視アラート、ユーザー報告など）
・影響範囲の特定（影響を受けるサービス、ユーザー数、業務への影響度）
・緊急度の判断と対応チームの編成

2 一次対応
・被害の拡大防止措置
・関係者への第一報の発信
・暫定的な回避策の検討と実施

3 原因調査
・ログ分析、エラー情報の収集と原因の特定
・システムイベントや変更履歴の確認と原因特定
・（必要に応じて）障害発生時の状況再現、追加情報採取と調査

4 恒久対策の実施
・恒久対策、類似障害の予防措置の立案
・本番環境への適用
・運用手順、運用体制の改善

5 事後報告と振り返り
・関係者への障害対応結果報告
・対応プロセスの評価と改善点の特定
・教訓の抽出と組織内での共有

69

第1章　リレーショナルデータベース

・トラブルシューティング

　DBのトラブルシューティングにはノウハウと経験値が求められます。このうち、「初動対応と状況把握」「一次対応」「原因調査」のために必要なモニタリングとログ管理はクラウドサービスによって自動化が進んでいます。さらにAIが原因調査を支援する動きがあります。クラウドとAIを利用して作業の難度を下げながら素早く対応を進めていけるようにします。

・初動対応と状況把握

　問題が発生してビジネスへの影響が出かねない状況を「インシデント」と呼びます。DBでのインシデントの発生を検知するには、DBを監視して異常な状態を判断、システム管理者に通知します。もしくはユーザー報告によってインシデントを認識します。

　クラウドでは監視サービスに、あらかじめよく利用するDB監視項目を組み込んでいます。異常と判断する閾値や設定を入れて有効にします。通常は主要な監視項目を設定して、運用に入ってからインシデントや通知の実績によって見直していきます。

　特に可用性、安定性が求められるDBの場合、より網羅的な監視を設計して障害シナリオを試験し、検知できるかを確認します。監視とモニタリングの情報から、影響範囲を特定（影響を受けるサービスや機能、ユーザー）した上で、緊急度を判断して対応チームを編成します。

　迅速な初動とその後の原因調査につながるのがオブザーバビリティー（可観測性）の強化です。DBはインフラ層の上で動作しており、アプリケーション・データ層から利用されます。他の層で発生したイベントの影響を受けやすい特性があります。

　短時間で状況を把握するには、インフラ、アプリケーションの状態と合わせて一元的に確認できることが有用です。これを実現するのがオブザーバビリティー

と呼ぶ領域のサービス、製品です。システムを構成するコンポーネントそれぞれの稼働状況やログを収集して一元的に可視化、分析する機能を提供します。

代表的な製品として米 Datadog（データドッグ）の「Datadog」、米 New Relic（ニューレリック）の「New Relic」、米 Cisco Systems（シスコシステムズ）の「Splunk」などがあり、多くが SaaS（ソフトウエア・アズ・ア・サービス）として提供されます。

これらを活用することでより柔軟で高度な監視が可能になります。クラウド事業者のネイティブな監視サービスも、一元化を強化していく流れがあります。

・一次対応
状況が把握できたら影響を受ける可能性のある関係者やシステム担当者に連絡しつつ、被害の拡大防止措置を取ります。DB のトラブルはシステム全体に影響が及びやすいため、例えば全体の処理がスローダウンしているような状況では、負荷の高い処理を停止したり、新たな処理の実行を抑止したりといった対処をします。

原因の特定には時間がかかることもあります。その場合は暫定的な回避策を検討して実施します。直前のリリースに切り戻す、デッドロックが起こっている場合は処理の実行タイミングを変えるといった対策を取ります。

・原因調査
トラブルの原因を分析するノウハウが必要な作業です。DB のトラブル原因の分析に当たる際、アプリケーションを理解して関連性に着目すると、深い分析結果をより早く得られます。ここで役立つのがオブザーバビリティーのサービスです。アプリケーションも含めたシステムコンポーネントの状態を一元的に確認できるためです。

トラブルシューティングの現場で起こりがちなのが、アプリケーションと DB

の担当者が異なっていて断片的な情報しか共有されず、原因調査が滞るといった事態です。調査や報告、顧客対応などに追われて情報共有に時間を割きにくいトラブルシューティングの場面においては、一元的に情報が確認できる意義は大きいと言えます。

　さらにこのステップでは、AIによる強化が進みつつあります。トラブル原因と対処方法をAIがアドバイスする機能実装が、米 Amazon Web Services（アマゾン・ウェブ・サービス、AWS）の「Amazon Q Developer」などで始まっています。

　Amazon Q Developer は、監視結果を通知された際、通知のトリガーとなった事象に関連する情報をまとめて提示します。トラブル原因の仮説やその理由説明、推奨アクションの提示と実行までサポートします。トラブルシューティングに不慣れで能動的な情報収集が難しい場合でも調査のヒントを得られ、運用品質の底上げにつながります。

　注意点はクラウド環境内で実行可能な対処法に限られることです。実際のシステム障害の多くはアプリケーションの実装が根本原因であり、クラウド環境内の設定変更だけで済むケースはそれほど多くありません。

　仮説については複数出てきた中から利用者が確からしさを判断します。正しい仮説が必ず入っているわけではなく、出てくる情報についても正しさを判断する知識、知見は必要です。AIはあくまでも原因調査を補助する手段として使います。

・恒久対策の実施
　根本原因を特定できたら、恒久対策を立案します。再発防止には原因と結果の関係をたどり、根本的な原因への対策を講じます。DBでのデッドロックであればロック順を標準化するといった対応によって類似の障害を予防できるようにします。

・事後報告と振り返り

最後に振り返りをして運用の仕組みに改善点がないかを点検します。トラブルシューティングで得られた教訓を開発・運用組織内で共有し、関係者に結果を報告します。

最後の2つのステップについても一般的な内容であれば生成AIを「壁打ち」相手にして検討を進められます。クラウドとAIを使えば、運用を少人数かつ高い品質で実行できます。オンプレミスに比べると、低難度のオペレーションは大半が不要になり、効率の良い運用の仕組みを設計できます。改善し続けるスキルが重要になります。

DB運用のこれから

DBのオペレーションはクラウドになることで激減しています。オンプレミスでよく見られる、ロースキルエンジニアを多く配置してDBの安定性だけを考える運用体制はフィットしません。DBの運用に関わるエンジニアはアプリケーションやデータの品質、開発チームの生産性向上に貢献をして価値を認められるようになります。

そのために、クラウドやAIの進化をさらに生かして、トラブルシューティングの一部を自動化する仕組みや、トラブルが起こりにくくなるよう設計・実装品質を上げる仕組みづくりが重要になります。これからのDBの運用スタイルである「データベース信頼性エンジニアリング（DBRE、Database Reliability Engineering）」については、第5章で説明します。

第2章

データウエアハウス

2-1 初期コスト抑え構築ハードル下げる
　　クラウドの弾力性で身近に ……………………………… 76

2-2 データプラットフォームとして進化
　　変わる DWH の構築・運用 ……………………………… 88

第2章　データウエアハウス

2-1

初期コスト抑え構築ハードル下げる
クラウドの弾力性で身近に

　データを基に意思決定し、戦略を構築・実行するデータドリブン経営の実現には信頼性が高いデータ基盤とデータウエアハウス（DWH）の整備が不可欠です。企業内外の様々な情報源からもたらされるデータを統合し、DWHを利用したデータ分析によりデータに基づく意思決定を支えます。

　DWH向けのデータベース（DB）はクラウドサービスの中でここ数年、最も進化があった領域の1つです。その進化の核心はクラウド基盤のもつ弾力性・伸縮性（Elasticity）の活用です。

　以下ではクラウドを前提としたDWHの特徴を説明し、2-2でAI（人工知能）利用のためのデータプラットフォームへと進化したDWHの構築、運用について解説します。

DWHの低コスト化とインテグレーションスタイルの変化

　クラウドの登場以前、大規模なデータを扱うための基盤の導入には非常に高いコストがかかり、大企業以外が利用するのは難しいのが実情でした。クラウド技術の活用により、コストのハードルが非常に低くなりました。データ基盤周辺技術についても、DWHの導入が容易になるような多くのサービスが提供されています。こうした変化によって中小規模の企業でも初期コストを抑えて利用できるようになりました。

　DWHは撤退コストも重要な費用特性です。撤退コストとは途中で利用しなくなった場合の損失のことです。クラウドでは利用を停止すれば料金がかからなくなるため、ハードウエアやソフトウエアを資産として保有する従来型のDWHよ

り撤退コストが劇的に低くなります。

　初期コストと撤退コストが低くなることで、インテグレーションの自由度も高まります。コストが高いと、あらかじめコストを回収できそうな用途を定めて計画的に構築・運用する必要性が高まります。その結果、計画・構築期間が長くなり、成功確度が分からない挑戦的なデータ活用に手を出しにくくなります。

　初期コストと撤退コストが小さければ成功確度が分からないデータ活用を試してみて、段階的に仮説を検証しながら途中でやめるか、本番運用まで計画するかを決められます。新たなデータ活用の成功例が多く出てくるようになってきた背景には、こうした変化の影響があります。

　エンジニアには、初期コストと撤退コストが小さいことの利点を生かしたインテグレーションが求められます。この点にあえて触れるのは、期間を長くかけた従来型の DWH 構築をいまだに多く見かけるからです。スモールスタートで短期間で構築して、データ活用の試行に素早く着手することが成果の最大化につながることを視野に入れ、DWH の導入を考えます。

トランザクション向けDBとDWH向けDB

　リレーショナルデータベース（RDB）には、扱うデータの特徴によって 2 種類が存在します。トランザクション向け DB と DWH 向け DB です。前者は本書の第 1 章で解説したものですが、ここではあらためてトランザクション向け DB を含めて説明します。

トランザクション向けDB

　一般的な業務システムで利用される DB です。主な製品としては Oracle、SQL Server、PostgreSQL、MySQL などがあります。業務データを蓄積する DB として最も重要なのはデータの一貫性（論理的に矛盾のない状態）を保つことです。

データ設計では正規化された状態にすることが重視され、1つのデータが重複して保持されないようにテーブル構造を定義します。業務で利用する現在有効なデータが保持され、保管期限を過ぎた履歴データは削除されます。

トランザクション向け DB は厳密なトランザクション管理機能を実装しています。DB の状態を変更する一連の処理をひとまとまりの単位として扱い、データの一貫性を保証する仕組みです。性能特性としては、一般的な業務で実行されるオンライン処理を高速かつ同時並行で実行でき、ある程度負荷の高い集計や分析処理もバランスよく実行できる汎用性のあるつくりになっています。

DWH向けDB

大規模データを分析するために使われる DB です。分析の内容としては、傾向分析、予測分析、データマイニングなどが挙げられます。複雑な集計や結合を含む分析クエリーが中心となります。

DWH 向け DB の主な製品としては米 Amazon Web Services（アマゾン・ウェブ・サービス、AWS）の「Amazon Redshift」、米 Google（グーグル）の「BigQuery」、米 Microsoft（マイクロソフト）の「Fabric Data Warehouse」、米 Snowflake（スノーフレーク）の「Snowflake」、米 Databricks（データブリックス）の「Databricks」などがあります。大規模データを分析するための DB として最も重要なのは短時間で結果を得るための性能です。

データ設計はあえて非正規化します。正規化した状態で保持していたデータを1つの大きなテーブルに統合した状態にすることがあります。テーブルの結合処理を省いて高速化できるからです。長期間にわたる履歴データを保有し、時系列で分析する用途にも利用するのが一般的であり、データ量が多くなります。

DB の機能としては、レコード単位の更新処理が遅い代わりに大量データのロード（取り込み）や分析が高速にできるようになっています。大量のデータを並列処理することで高い処理能力を持つ仕組みです。

データについては、分析に影響を与えない範囲で整合性を保ちます。一般的に分析データは一度取り込むと、ほとんど変更されない特徴を持つため問題にはなりません。

トランザクション向けDBでも、CPUやメモリーを多く利用すれば、ある程度の規模のデータを分析できます。DWH向けDBはトランザクション処理を苦手としているため、基本的にトランザクション処理のDBとして兼用できません。この2つのDBは意識して使い分ける必要があります。

クラウド型のDWHアーキテクチャーの進化

DWH向けDBはトランザクション向けDBにはない機能を備えています。いずれも大規模データの分析処理を短時間で実行するために非機能面を強化するのが主な目的です。

列指向ストレージで列単位にデータを保管しておき並列処理するといった機能です。列指向で保管すると同じ値が多くなりやすい傾向があり、圧縮が効きやすいメリットもあります。効率的に目的のデータを処理するために不要なデータを読み飛ばす機構も大半のDWH製品が実装しています。

クラウドではこれらの機能の多くをストレージ層の仕組みで実現しています。クラウドではDWHを提供しているクラウド事業者がストレージ層をフルコントロールできることを生かし、DWHに最適なストレージを開発した結果といえます。

コンピュートとストレージの分離

クラウドを前提としたDWHでは、分析・計算処理をするコンピュートと、データを保存するストレージを分離するのが一般的になっています。これには2つの大きなメリットがあります。

1つは、コンピュートとストレージをそれぞれ任意に拡張できることです。デー

第2章　データウエアハウス

トランザクション向けDBにはない機能を備える

表　データウエアハウス向けデータベースの機能

機能	機能詳細	機能の目的
データ分割と並列処理	DWH-DBのデータはオブジェクトストレージ上に数10Mバイトから数100Mバイト単位の分割ファイルとして管理される。データロード時のファイル作成・データ参照時のファイルスキャンの実行時に分割されたファイルを並列処理することで高速な処理を可能とする	データロード性能クエリー性能
列指向ストレージ	データを列単位でまとめてストレージに保管する方式。一般的なRDBは行単位で保管する。分析処理では少数の列データを広範囲に処理することが多いため、列単位でまとめることで効率化しやすい。このためDWHでは列指向ストレージが利用されることが多い	クエリー性能
ファイル毎のメタデータ情報	トランザクション向けDBでは検索対象の行を特定する索引を持つが、DWH-DBでは大量データロード時に索引を作成すると著しく処理時間がかかるため行レベルの索引は保持しない。分割されたファイル毎に、列データのMin／Max値などメタデータ情報を保持する。データ参照時のファイルスキャンをする際に、このメタデータ情報を確認することで、指定した検索条件に合致しないファイルはスキップすることで大量データの検索性能を向上させる	クエリー性能
データクラスタリング	ファイル毎のメタデータ情報を利用する場合、よく検索する条件でデータが並んでいると検索時にファイルをスキップすることが可能となる。そのためのストレージ内でのデータの並び順を指定する機能。POSデータを例とすると販売店コードでクラスタリング設定すると、販売店コードを指定した検索をする場合には、指定した販売店以外のデータを含むファイルはスキャンをスキップするため検索処理が効率化される	クエリー性能
データ圧縮	データを圧縮アルゴリズムを用いて圧縮して保持する。圧縮によりストレージサイズの削減と検索時のファイルスキャン量が減ることから検索処理が効率化される	クエリー性能ストレージサイズ削減
外部テーブル	オブジェクトストレージ内に配置されたファイル（CSV、JSON、Parquet形式など）をDWH-DBからテーブルとしてクエリーでアクセスする機能。DWH-DBにデータをロードする必要がないため、一時的なデータ利用やETL処理の手間を削減するために利用する	データ連携の簡易化
Time Travel	DWH-DB内ではデータ更新時は必ず追記する動作（updateは更新前データを残して更新後データを作成、deleteはdelete前データを残す）をすることで一定期間過去のデータを保持する。この動作を利用することでユーザーが指定した時点のデータにアクセスできる。この機能により「データ削除などの誤操作のリカバリー」「変更履歴のトラッキング」などへの利用が可能となる	データバックアップ・リストア

DWH:データウエアハウス　DB:データベース　RDB:リレーショナルデータベース　POS:販売時点管理　ETL:抽出・変換・ロード

タを格納するのに必要なストレージを確保しながら、処理の規模に応じたスペックのサーバーを任意に起動・停止できる柔軟性があります。これによりコストの大半を占めるコンピュートが従量課金となり、少ない予算でも利用しやすくなりました。

2-1 初期コスト抑え構築ハードル下げる、クラウドの弾力性で身近に

大規模データを扱う方法が進化
図　大規模データを扱うためのアーキテクチャーの概要

1. スケールアップアーキテクチャー

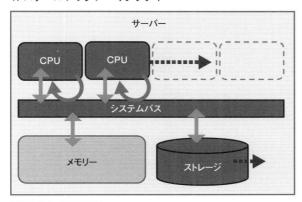

性能の向上：CPUを追加
容量の追加：ストレージを追加

2. スケールアウトアーキテクチャー

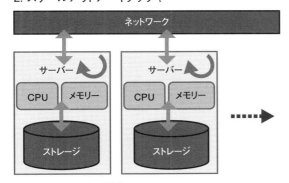

性能の向上：サーバーを追加
容量の追加：サーバーを追加

3. クラウド型アーキテクチャー

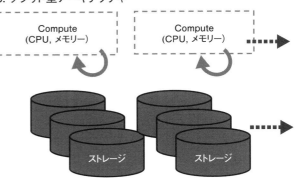

性能の向上：最適スペックのサーバーを起動
容量の追加：オブジェクトストレージに保存

もう1つはストレージコストの低下です。クラウドでのモダンな DWH はオブジェクトストレージにデータを格納します。オブジェクトストレージは柔軟に容量を拡張でき、利用している容量の分だけ、他のストレージと比べて低単価で利用できます。

DWHアーキテクチャーの進化の過程

従来の DWH とのアーキテクチャーの違いを整理します。DWH 向け DB で大規模データを扱うための「並列処理」「性能の拡張性」「容量の拡張性」を実現する方法は、3つの技術ステップを経て進化してきました。

・スケールアップアーキテクチャー：SMP（Symmetric Multiprocessing）
単一のサーバー内に複数のプロセッサー（コア）とメモリー、ストレージを搭載して並列処理する方式です。サーバーに搭載する CPU の数を増やして性能をアップします。容量をアップする場合はサーバーに搭載するストレージを増やします。

多くのプロセッサーやメモリーを搭載できるサーバーは非常に高価です。そのため高い性能を得るには高いコストがかかります。1台のサーバーに搭載できるプロセッサーとメモリーには限界があるため、一定以上の性能を得ることができない制約があります。コストパフォーマンスが低く性能の制約が強いのがデメリットです。

・スケールアウトアーキテクチャー：MPP（Massively Parallel Processing）
複数の独立したノード（プロセッサー、メモリー、ストレージを備えたサーバー）をネットワークで接続したクラスターとすることで並列処理する方式です。性能アップ、容量のアップのためには、いずれもノード（サーバー）を追加します。

ノードを追加することで性能を拡張できるため優れた拡張性を持つようになりました。半面、データがサーバー間で分散しているため、常に全サーバーを起動しておかないと処理ができず、台数が増えるとコストが上がるのが弱点です。

・クラウド型（コンピュートとストレージの分離）アーキテクチャー

「コンピュートとストレージの分離」で前述しましたが、性能アップや容量アップのためにコンピュートとストレージをそれぞれ任意に拡張できます。

クラウド型DWHの主なサービス

クラウド型 DWH は RDB と同様、DB の設計・構築・運用の多くが自動化されています。

サービスの種類で特徴的なのはクラウド事業者が提供する製品のみ存在することです。PostgreSQL、MySQL といったオープンソース製品が普及しているトランザクション型 DB と状況は異なります。ソフトウエアとクラウド基盤が一体で動作する特徴があるため、オープンソース製品の開発は進んでいません。

主なサービスのうち、ハイパースケーラーと呼ばれる大手クラウド事業者が提供するのが前述の Redshift、BigQuery、Fabric Data Warehouse です。

独自にサービス提供している SaaS（ソフトウエア・アズ・ア・サービス）型の製品として、Databricks、Snowflake が挙げられます。この 2 つは大手クラウド事業者の基盤で動作する SaaS として提供されています。

どの大手クラウド事業者の基盤で利用するかをユーザーが選択します。例えば AWS を利用する企業が Snowflake を利用する場合、一般的には「Snowflake on AWS」という形態で利用します。データソースと DWH を同じクラウドにすることでデータ転送コストや転送時間を抑えられ、セキュリティー面でも有利になります。

「データレイクとDWH」から「データレイクハウス」へ

クラウドのデータ基盤ではデータレイクアーキテクチャーを採用するケースがほとんどでした。データレイクでは安価なオブジェクトストレージにデータを保

すべてのデータを包含するデータレイクハウス

図　データレイクアーキテクチャーとデータレイクハウスアーキテクチャー

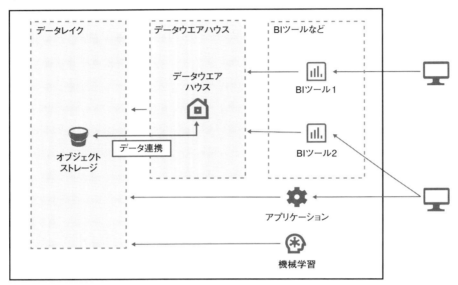

存し、機械学習やアドホックな分析に利用します。

　さらに必要なデータのみDWHに取り込むことで高度なデータ活用をするという2階建てのアーキテクチャーです。安価なオブジェクトストレージを活用してDWHの用途を絞ることで低コストなデータ基盤実装が可能になります。一方、「データレイク（オブジェクトストレージ）のデータ管理の複雑さ」「データレイクのクエリー性能が低い」「DWHへのデータ連係管理が必要」といったデメリットがありました。

2-1 初期コスト抑え構築ハードル下げる、クラウドの弾力性で身近に

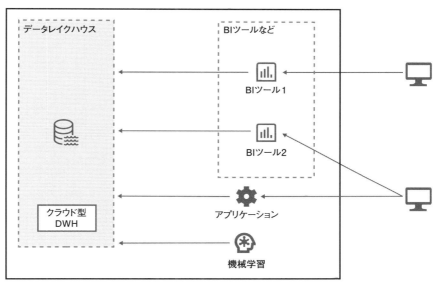

データレイクハウスアーキテクチャー
（クラウド型データウエアハウスでデータを包括的に扱う）

BI：ビジネスインテリジェンス

データの一元管理と高度なデータ分析が可能

　この課題に対して、クラウド型DWHの範囲をより広く考えて、全てのデータを包含するようにしたアーキテクチャーが「データレイクハウス」です。データレイクハウスでは、オブジェクトストレージ上のデータをDWHが管理しながら高速にクエリーを実行します。

　データレイクの欠点をDWHが本来持っている「スキーマ管理、カタログ機能」「高いクエリー性能」を利用することで補えるようになり、データ基盤の運用性と性能の向上が可能となります。

クラウド型 DWH はデータレイクハウスの概念を強く打ち出しています。これは合理的な提唱ではありますが、各製品固有の機能を前提とするため自社のデータ利用がベンダーロックインされるデメリットについて意識する必要があります。

クラウド型 DWH でデータを保持する代わりに、データレイクの弱点を克服する機能を備えた新しいデータの持ち方（オープンテーブルフォーマット = Open Table Format、OTF）について触れておきます。

DWH は内部で最適なアクセスをするために独自定義したデータフォーマットでデータを保持しています。DWH のソフトウエアとしての機能とデータフォーマットは一体化していることになり、その DWH を経由しないとデータアクセスはできないクローズな形式とも言えます。DWH を別製品に切り替える際は、すべてのデータを別製品側でコピーする必要があり、実行は容易ではありません。

OTF はデータ仕様が公開されているフォーマットで、データとしてオープンであることを目指すものです。データレイクの弱点である管理の複雑さ、性能面の弱点を補うデータフォーマットです。クラウド型 DWH も OTF を利用できるように対応を進めています。データレイクハウス内に OTF でデータ（実体としてはデータファイル）を保持することによって、データのベンダーロックインを避けたデータ利用が可能となることが期待できます。

主な OTF として、Apache Iceberg、Apache Hudi、Linux Foundation Delta Lake があります。それぞれ実装仕様が異なっており、統一されていませんが、いずれもオープンなフォーマットです。

新しいクラウド型DWHをどのように利用していくべきか

クラウド型 DWH によってユーザーは柔軟で拡張性をもった DB の利用が従量課金で利用できるようになりました。大規模なデータについても特別な対策なしに利用できるようになりましたが、従量課金であるコストをうまくコントロールする必要があります。新しい DWH の開発と運用のポイントを 2-2 で見ていきます。

2-1 初期コスト抑え構築ハードル下げる、クラウドの弾力性で身近に

　クラウド型 DWH を中心としたデータレイクハウスは、AI 利用のためのデータ利用の統合的プラットフォームへと進化しています。この新たな進化についての主要な DWH サービスの対応については 2-2 で説明します。

第2章　データウエアハウス

2-2

データプラットフォームとして進化
変わるDWHの構築・運用

　　データウエアハウス（DWH）は周辺機能を取り込み、統合されたデータプラットフォームへと進化しています。以下ではこの変化の意義とエンジニアリングへの影響について説明した後、データベース（DB）としてのDWHの領域にフォーカスし、構築・運用がこれまでと比べてどう変わったかを解説します。

データプラットフォームとして進化したデータウエアハウス

　　クラウド化によってDWHを低コストで始められるようになったのは2-1で説明した通りです。これによりデータから価値を生む成果が多く生まれてきました。データ活用はコスト（ツール利用料金、インテグレーションコスト、学習コスト）が低くなると、成果が出やすくなります。

　　特にDWHに関連する可視化、データ加工／連携、データリネージ（データの

データウエアハウスからデータプラットフォームに
図　クラウド初期のデータウエアハウスと、データウエアハウスが進化したデータプラットフォームの概要

	データウエアハウス	データプラットフォーム
アーキテクチャー	複数サービスの組み合わせ	事前に構成された環境の利用
コンテキストスイッチ	多い （複数ツールの使い分け）	少ない （統合が進んでいる）
コスト	従量課金	従量課金 （より柔軟）
管理工数	小さい	非常に小さい

来歴が分かるよう可視化する機能）の分野では、クラウド関連と AI（人工知能）の技術を活用することでインテグレーションコストと学習コストを低減する流れが顕著です。DWH の機能としても機械学習機能を利用できるような機能拡張が進んでいます。

AI、可視化、データ加工、データリネージの融合

クラウドを前提とした DWH は、可視化、データ加工／連携、データリネージ管理、機械学習の機能を包含しています。従来は、これらの機能を持つ別のサービスを組み合わせて構築する必要がありました。現在の DWH では、アカウントを作成してログインするだけで、あらかじめセットアップされた統合環境を利用できます。

データアナリストやデータエンジニアにとって、この変化は大きな利点です。従来の DWH は基盤機能のみを提供し、分析画面などのユーザー支援機能は含まれていませんでした。現在では、データの特徴や来歴をビジュアライズする画面、自然言語によるデータ分析機能、分析結果のチーム内共有機能などを備えています（サービスによって実装状況は異なります）。

データ活用の担当者にとって、複数のツールを習得する必要性や、統一感のないユーザーインターフェース（UI）の切り替えが減少するため、分析作業の高速化につながりデータ分析の生産性を向上させられます。こうした機能拡張により、従来の狭義の DWH という表現よりも、データプラットフォームという表現がより適切な状況となっています。

上流工程と運用の重要性が増す

ただし、データプラットフォームの機能が自社に最適かは、慎重な検討が必要です。最適でない場合、他のツールやサービスを組み合わせて構築することになります。周辺機能との統合が進んで、アカウントを作成したらすぐに使い始められるのが現在のモダンなデータプラットフォームです。共通する特徴として他のツールとの組み合わせを妨げない、高い自由度を持つアーキテクチャーを採用で

きることも挙げられます。

そのため、データプラットフォームや周辺領域のサービスの機能・非機能の特徴を十分理解した上で選定する必要があります。この領域では、検討に値するサービスが増加の一途をたどっており、データプラットフォームでの機能統合が進む一方で、新たな特徴を持つ専門サービスも次々と登場しています。

このような背景から、DWH導入におけるインフラエンジニアの役割も変化しています。企画・計画、要件定義、選定といった上流工程の重要性が増す一方、設計・構築といった中流工程では大幅な生産性向上が実現されています。運用工程では自動化が進みながらも、運用改善の重要性が一層高まっています。

代表的なデータプラットフォーム

現在主流のデータプラットフォームは、その進化の過程では主要な特徴に違いがありましたが、競争の進展によって基本的な機能性や非機能面での差異は少なくなっています。

データプラットフォームへの進化を主導してきたのが、SaaS（ソフトウエア・アズ・ア・サービス）として提供されている米Snowflake（スノーフレーク）の「Snowflake」、米Databricks（データブリックス）の「Databricks」です。大手クラウド事業者も既存のDWHサービスに機能を追加するか、新たなサービスとしてリニューアルすることでプラットフォーム化を進めています。米Amazon Web Services（アマゾン・ウェブ・サービス、AWS）の「Amazon Redshift」、米Google（グーグル）の「BigQuery」、米Microsoft（マイクロソフト）の「Microsoft Fabric」などがあります。

以下では各サービスの基本機能以外の特徴を見ていきます。現在、最もホットな競争領域となっているのは機械学習（ML）への対応です。この分野では各サービスの戦略が異なり、AI開発機能を内包する方向性と、他のAIプラットフォー

ムとの API（アプリケーション・プログラミング・インターフェース）連携を強化する方向性に分かれています。各サービスの特徴は次の通りです。

Databricks

機械学習の強化が顕著で、AutoML などの機械学習プロセスの自動化に強みがあります。ベクトルデータベースも内包しており、RAG（検索拡張生成）や自然言語処理システムの DB として利用できることから、AI の活用を強化したい企業に支持される傾向があります。

多くの機能をデータウエアハウスが取り込む
表　Snowflakeの主な機能

カテゴリー	機能	内容
基本機能	スケーラブルなストレージ	無制限に拡張できるストレージを提供。自動的に冗長化、バックアップされる。データはパブリッククラウドのオブジェクトストレージに格納
	SQL サポート	標準 SQL である ANSI SQL：1999 と SQL：2003 の分析拡張機能のサブセットをサポート
	プロビジョニングの自動化	クラスターを利用する際のみ起動する管理を自動化
	データ暗号化	格納、通信の際にデータを自動的に暗号化
パフォーマンス	自動パーティショニング 自動クラスタリング	性能向上のためにデータを自動的に分散する仕組みを提供。最適化のためにキーの設計は必要
	自動チューニング	自動的にクエリーのパフォーマンスを最適化
	キャッシング	クエリーの結果をキャッシュして、再実行時のパフォーマンスを向上
データ処理	Snowpipe	クラウドストレージからの継続的なデータロード
	Snowpark	Java、Python、Scala でデータを処理するための API ライブラリー。データ加工、機械学習処理のコード作成などが可能
	Snowsight	SQL やコードで処理した結果をグラフィカルに表示
	Snowpark ML	機械学習モデルのトレーニングとデプロイ
データ共有	データ共有	他の Snowflake アカウントとデータを共有
	マーケットプレイス	データセット、データサービス、アプリケーションを購入、Snowflake 内で利用可能

API：アプリケーション・プログラミング・インターフェース　ML：機械学習

Snowflake

　自動化やデータ保有コストの低さを実現するアーキテクチャーを備えています。大量のデータを効率的に処理するためのパーティションの自動化が進んでおり、オブジェクトストレージをデータストアとして利用するため、データ保有コストが低く抑えられます。外部企業とデータを秘匿したまま共有できるデータクリーンルームなどデータコラボレーション機能が充実しています。オンライントランザクション処理（OLTP）をサポートする機能も徐々に整備されてきました。ベクトルデータベースやAI開発機能の強化も進めています。ユーザーコミュニティーが活発な点も利点として挙げられるでしょう。

BigQuery

　生成AIによるデータ分析やデータ分析過程のチーム内共有に強みがあります。

可視化とデータ分析過程を共有

画像　BigQueryの例。AIサービスに対話型で問い合わせをしながらデータを探索、分析結果やビジュアル化した図について、分析を進めた順番に残してチームで共有する

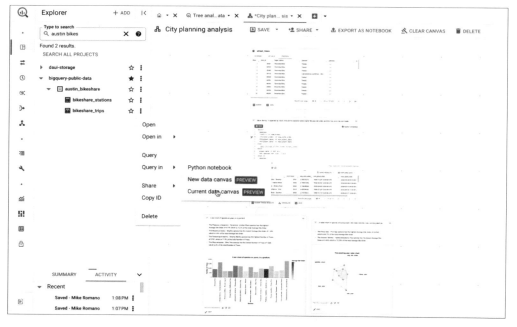

2-2 データプラットフォームとして進化、変わるDWHの構築・運用

データとAIを利用

図　BigQueryとVertex AIの連携の概要

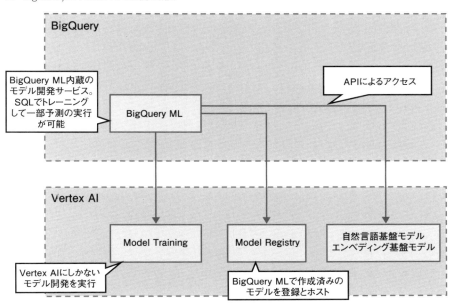

ML：Machine Learning　　API：アプリケーション・プログラミング・インターフェース

　機械学習については、グーグルのAIサービス「Vertex AI」との連携を特徴としており、ベクトルデータベースとしても利用可能です。Google Cloud内の他のサービスと連携しやすいといったメリットがあります。

Amazon Redshift

　AWS内のオブジェクトストレージやデータレイクなど他のサービスに配置しているデータを取り込むことなく、直接アクセスできます。このメリットは大きく、データ連携を実装する期間やコストが不要になり、データ活用の成果をより早く得ることにつながります。AWS内の機械学習サービスとの間でもAPIで連携できます。データを移動せずに機械学習を実行できるようになり生産性が高まります。

Microsoft Fabric

ETL（抽出・変換・ロード）、BI（ビジネスインテリジェンス）などを統合しています。特に「Power BI」との統合は既存ユーザーにはメリットになります。他製品がデータプラットフォームに新たな機能を追加することで機能性を高めるのに対し、Fabric はもともと Azure のサービスとして提供されている機能を内部に取り込む方向で機能を広げています。

このように多様な機能が提供されていますが、データ活用の成熟度が上がるまでは、どの DWH を使用しても大きな違いは生じません。DX をあまり進めていない企業の場合、初期のデータ活用テーマは多くの場合、データの可視化になります。DWH の利用に慣れていない利用者も多くなります。この状況でデータ活用を成功させるには、可視化のしやすさや利用者属性に応じた使いやすさが重要となります。データプラットフォームの選択基準としては、既存の技術スタックやクラウド事業者との親和性も重要な要素です。

従来、DWH の選定・構築は、インフラエンジニアおよび製品知識が豊富で DB の物理設計にたけた DB エンジニアが担当していました。しかし、プラットフォーム化が進んだ現在、インフラ層の複雑性が隠され、自動化が進んでいます。そのためこれらのエンジニアの業務は減少傾向にあります。代わりに、多様な機能を組み合わせた環境を利用者に提供できるよう、利用者ニーズの理解とデータエンジニアリングの知見が重要性を増しています。

データウエアハウスの構築と運用

DWH の構築と運用の業務は、クラウド登場以前とは大きく変化しています。

DWHの構築

DWH は大規模なデータを扱うための基盤であり、以前はハイスペックなサーバーを組み合わせたクラスタリング構成と大規模なストレージのセットアップが

必要であり、構築には多大な手間と時間がかかっていました。

　一方、クラウドで提供される DWH はサービスとして提供されており、構築の手間はほぼ不要となっています。クエリー処理を担うコンピュートリソースは事前定義ではなく、クエリー実行の都度動作します。クエリーの処理に応じて自動的にリソースを確保するため、事前の構築は不要です。オブジェクトストレージを利用しているストレージについても同様で、データ保存時に使用サイズが増え、削除すると減るというシンプルな動作となり、構築としては特別な作業を必要としません。

　このようにクラウド上の DWH の利用により基盤構築は簡素化されますが、データを統合管理する基盤として必ず設計すべき内容があります。特に「データセキュリティーの確保とガバナンス」の実装が重要となります。

　DWH は開発者、データアナリスト、データサイエンティストなど様々な役割（ロール）のユーザーが利用します。それぞれが利用できるデータには制限があるのが一般的であり、ユーザーごとに適切なデータの利用権限を設定する「ユーザー・ロール設計」が必要です。個人情報などの機密性の高いデータが含まれる場合は、個人識別情報（PII）や機密データに対して、データのマスキングといった対応も検討する必要があります。これらの対応は、DWH がスモールスタートの利用であってもセキュリティーリスクを軽減するために、利用初期から必ず検討するようにします。

　データアクセスログについては、クラウドの DWH の場合、自動で取得されます。そのため、要件に合わせて保存期間を適切に設定する必要があります。

データ設計

　トランザクション向け DB と DWH 向け DB ではデータ設計の考え方が異なります。トランザクション向け DB は、データを矛盾なく保存することを重視し、「正

第 2 章　データウエアハウス

規化」したデータモデルでデータを保持します。一方、DWH 向け DB は、データ分析の利用しやすさを重視したデータモデルでデータを保持します。

ディメンショナルデータモデル

　ディメンショナルデータモデルは、ビジネスユーザーにとって直感的で理解しやすい形式のデータモデルであり、データ分析や BI ツールによるクエリーを簡単かつ高速に実行できます。DWH に特徴的なモデルは主に以下の 2 種類のテーブルです。

・ファクトテーブルとディメンションテーブル
　ファクトテーブルには、分析対象の数値データ（売上高、数量、コストなど）が格納されます。一方、ディメンションテーブルには、ファクトテーブルを分析するための属性データ（顧客名、製品名、日付など）を格納します。

　これらのテーブルは、1 つのファクトテーブルを中央に配置し、複数のディメンションテーブルがそれを取り囲むリレーションを構成します。このモデル全体が星（Star）のような形状に見えることから、スタースキーマと呼ばれます。ディメンションテーブルを正規化して分割（例えば、製品を「製品カテゴリ」「製品サブカテゴリ」等に分割）したリレーションは、雪の結晶（Snowflake）の形状に見えることから、スノーフレークスキーマと呼ばれます。

・データマート
　データマートは、ディメンショナルデータモデルをベースとしながら、さらに具体的なユースケースに特化したデータの保持方式です。例えば、売り上げデータを「日・販売店・商品 ID」で保持するディメンショナルデータモデルを、「月・地区・商品 ID」や「日・販売店・商品カテゴリ」というように切り口を変えて事前にサマリー集計して作成したものがこれに当たります。利用シーンに特化したものを事前に用意することで、ユーザーが高速に利用しやすい形でデータを提供できます。

2-2 データプラットフォームとして進化、変わる DWH の構築・運用

しかし、クラウド DWH の持つ拡張性により、データマートが容易に作成できることから、無秩序な作成によって DWH 全体の保守性の悪化が懸念されます。そのため、マート作成に関する管理プロセスを整備するなどのガバナンスと、実体のモニタリングを検討することが望ましいといえます。

クラウド DWH の持つクエリー高速化機能により、事前集計したデータマートを作成しなくても十分にユーザーレスポンス要件に応えられるケースも増えてきました。利用頻度が少ないものについては、データマートを作成しないという方針も考えられます。ただし、データマートがない場合、クエリーごとにデータ処理が行われるため、従量料金のコストに影響を与える可能性があります。そのため、利用回数を基準に作成の可否を判断することをお勧めします。

DWHの運用

DWH の運用はリレーショナルデータベース（RDB）と同じように自動化が進んでいます。RDB と異なるのは主に以下の2点です。

・FinOps

FinOps とは、クラウドの利用によるビジネス価値を高めるために、支出を最適化する取り組みです。クラウド料金のモニタリング、支出抑制のための改善、料金プランの切り替えなど、現状把握と改善計画、評価を繰り返します。

FinOps は必ずしも DWH だけの取り組みではありませんが、DWH で FinOps が重要なのは料金の変動を大きく改善できることが多いためです。ユーザーの分析ニーズは短期間で変わり得ます。新たな種類の分析をすると大量のデータを処理することになり、料金が上がる可能性があります。このような場合に前述したデータマートを作成するといった対策を取るとリソースの消費量を抑えて費用を下げられます。

利用が定着した DWH では、一定のエンジニアリソースを FinOps に充てた方が、無駄なリソースの消費による料金高騰を抑える効果が発揮できます。

第 2 章　データウエアハウス

・料金の案分

　DWH に特有なのが料金の案分です。DWH は社内の多くの部門で利用されます。その際、部門や事業部ごとに利用した分だけ費用を負担してもらうケースがあります。この場合、DWH が消費するリソースについて、料金を案分する単位に合わせて分解し、集計できる必要があります。サービス事業者はこうしたニーズは把握しており、サービスごとに方法は異なるものの、料金を案分する手段を用意しています。

第3章

NoSQL

3-1 RDB の弱点を克服
　　高頻度更新トランザクションに対応 ……………………… 100

3-2 NoSQL と DHW を組み合わせる
　　多様な用途に利用する「CQRS」 ……………………… 110

3-3 NoSQL と相性の良い
　　マイクロサービスアーキテクチャー ……………………… 118

3-4 関係性を基にデータ活用
　　グラフデータベース　 ……………………………………… 126

第 3 章　NoSQL

3-1

RDBの弱点を克服
高頻度更新トランザクションに対応

　NoSQL はリレーショナルデータベース（RDB）と異なるタイプのデータベース（DB）の総称です。RDB が適していないユースケースで利用する DB であり、用途やデータモデルが全く異なる幾つかの種類の DB が存在します。

　以下では、NoSQL の基本的な概念やメリット、どのような特徴を備えることで RDB の限界を超えたのかを中心に説明した上で、NoSQL の代表的なユースケースである高頻度更新トランザクションシステムの設計について解説します。

NoSQL選択の目安

　ここでは、RDB の弱点である超高頻度な更新に NoSQL が対応できることを示し、どのようなケースで NoSQL を選択するかを説明します。RDB も性能が向上しており、NoSQL が必要かは RDB の性能検証結果を加味して決める必要があります。

超高頻度更新に弱いRDB

　RDB は書き込み性能の限界に達しやすい特性があります。データの一貫性を厳密に保護するために、1 台のサーバー上でトランザクションログの書き込み処理をシリアルに実行する構造を持っているからです。トランザクションログ以外のデータの書き込みはパラレルに実行されます。非常に高い頻度で更新処理を実行した場合、トランザクションログを書き込む処理のスピードが更新処理の頻度に追い付かず、処理の遅延やタイムアウトにつながりやすくなります。

NoSQLの強みとRDBと比べた特徴

　この限界を突破して非常に高い更新性能の拡張性（スケーラビリティー）を持

NoSQLは高い拡張性を備える
図　RDBとNoSQLの主な違い

つようにつくられたのがNoSQLです。NoSQLの基本的なコンセプトは分散処理です。一般的にノードと呼ぶサーバーを複数つなげたクラスターを組み、各ノードが書き込みと読み込みの両方の処理を並行して実行します。ノード数を増やせば更新性能が向上する仕組みです。

複数ノードでの分散処理ができるように、データモデルの表現力には制約が加わります。データをキーとバリュー（値）の組み合わせで保持するようにしておき、キーをノード間で分散して所持することで、同じキーの更新は必ず1つのノードが受け持つようにする構造になっているからです。

データをキーと値の組み合わせで持つ構造にして、無理なくアプリケーションをつくれることがNoSQLを利用する条件になります。キーの分散やノードのクラスターへの追加、障害が発生したノードの切り離しなどについては一部、ユーザーのオペレーションが必要な場合があるものの、基本的には自動で実行されます。

クラウドでのマネージドサービスが登場する以前は、構築や運用のため、サービスごとに異なるセットアップ方法や運用の際のオペレーション方法を覚える必要がありました。しかしクラウドのマネージドサービスの登場で構築や運用は自動化され、サービス固有の知識やオペレーション方法の習得はあまり必要とされなくなり、一般的なシステム開発において現実の選択肢として利用されるように

複数ノードで分散処理
図　NoSQLの一般的なクラスター構成例

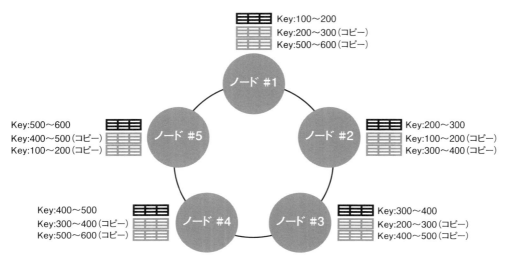

※製品により実装方式には違いがある

なりました。

RDBのスケーラビリティー向上による対応範囲の拡大

　一方、RDBもクラウド上で進化し続けており性能が上がっています。その主な要因は、ストレージ層をクラウド環境に最適化したアーキテクチャーに開発し直すことで得られたＩ／Ｏ性能の向上です。他にも、クラウドでは読み取り専用ノードを簡単につくれることが挙げられます。読み取り処理を分離することで、書き込み処理に集中できるようになり、スループットを上げる効果が得られます。

　この結果、RDBでも高頻度な更新トランザクションをかなり実行できるようになっています。同時実行数がどれくらいまでならRDBで実行できるかを定量的に示すのは困難です。データ構造やトランザクション処理の複雑さ、書き込むデータ量、同時に実行される読み取りトランザクションの種類と頻度などに大きく影響されるからです。

筆者の経験では、シンプルで軽量なデータを書き込むトランザクションの場合、同時実行数が1000TPS（Transaction Per Second、1秒あたりのトランザクション数）を超えると限界を迎えるリスクが出てきます。これはかなり大まかな目安であり、トランザクションの複雑さの程度などによって100TPS程度で処理遅延を起こすこともあれば、10000TPS程度まで耐えられる場合もあります。

更新トランザクションの頻度が高いからといって機械的にNoSQLを選ぶのではなく、RDBで書き込み性能の高い環境や読み取り専用ノードを用意する構成を取るなどの工夫をすることで対処できないかを検討します。書き込み処理をDBの手前で処理し、DBにはまとめて書き込むというアーキテクチャー設計にすることも対応策として有効で、クラウドではそれほど難しくなく実装できます。

RDBで処理できないほどの超高頻度な書き込みトランザクションが発生しうるユースケースとしては、IoT（インターネット・オブ・シングズ）、Webサービス、ゲーム、SNSなどがあります。金融取引の約定処理のようなクリティカルな業務で利用された国内実績もあります。

IoTなどデータを非常に高い頻度で発生させるソリューションが増えており、超高頻度トランザクションを伴うサービスが多くなっています。繁閑によって著しくピーク時のトランザクション頻度が変わる場合にも合致します。ピーク性能を確保できる上に、クラウドの料金は従量課金であり、閑散期のコストを抑えられるメリットがあります。NoSQLが活躍する場面はこれからも多々登場すると考えられます。

NoSQLの概要

以下では、NoSQLの特徴や具体的なサービスについて説明します。

NoSQLの分類とデータモデルの特徴

NoSQLにはいくつかの分類があります。大きく分けるとキーバリュー型、ド

第 3 章　NoSQL

キュメント型、グラフ型です。いずれも分散処理による高いスケーラビリティー
を備えます。データ設計については RDB のような表現力はなく、多様なキーで
アクセスしたり、複数のテーブルの結合が必要なクエリーが多かったりする場合
は向きません。テーブル結合できるサービスもありますが、RDB と比べると機
能的な制約が多く開発生産性が落ちるため、例外的な実装を補う程度になります。

・キーバリュー型

　キーと値のペアでデータを表現します。IoT データ、ユーザー情報などの管理
と高頻度な処理に向いています。必ず一意な単一のキーを定義する必要があるた
め、複数のキーの組み合わせで一意なデータが決まるような一般的な業務システ
ムでは利用しにくい面があります。

　キーバリュー型には派生型が複数存在し、代表的なのがインメモリー型とワイ
ドカラム型です。メモリー上にデータを配置して読み取りを非常に高速にするの
がインメモリー型です。ワイドカラム型は、バリューの中に複数のキーと値の組
み合わせを保持できます。ワイドカラム型は列単位でデータを処理する集計・分
析を得意としています。

・ドキュメント型

　JSON/XML などの複雑な階層構造があるデータやコンテンツを扱うのが得意
です。ドキュメント型が扱うのは主に半構造化データです。データ構造が一定程
度決まっていて、構造を柔軟に変更できます。データ構造が変化すると RDB で
は扱いにくくなりますが、ドキュメント型は半構造化データをそのままの形で格
納し、処理できるようにつくられています。

　近年では RDB でも JSON データをサポートする動きがあります。JSON 以外
の業務データと同時に扱いたい場合には、RDB の方が利便性を感じられる状況
です。ドキュメント専門の高い機能性を求める場合はドキュメント型 DB に優位
性があります。

104

大手クラウド事業者が提供

表　NoSQLの種類と大手クラウド事業者が提供する主なNoSQLデータベースサービス

NoSQLの種類	特徴	Amazon Web Services（AWS）	Microsoft Azure	Google Cloud	その他
キーバリュー	データを一意なKeyとその値で表現する。ACID特性の一部を備えない代わりに同時実行性を高めている。Keyでデータを参照する、軽量かつ大量なトランザクションの処理に強い。APIからのアクセス先、IoTなどのユースケースがある	Amazon DynamoDB	Azure Table Storage、Azure Cosmos DB	Cloud Datastore	Couchbase Capella
インメモリー	データを一意なKeyとその値で表現する。メモリー上にデータを保持しておりデータは揮発性。軽量かつ大量な参照処理に向く。　セッション管理、マスタデータのキャッシュなどがユースケース	Amazon ElastiCache、Amazon MemoryDB	Azure Cache for Redis、Azure Managed Redis	Cloud Memorystore	Redis Cloud
ドキュメント	ドキュメント形式のデータ処理に強みを持つ。コンテンツ管理、ユーザーデータ管理などがユースケース	Amazon DocumentDB	Azure Cosmos DB	Cloud Firestore	MongoDB Atlas
ワイドカラム	スキーマの定義が不要であり、非構造化データの処理に強みを持つ。SNS、ログ管理などに利用	Amazon Keyspaces	Azure Cosmos DB、Azure Managed Instance for Apache Cassandra	Cloud Bigtable	DataStax Astra
グラフ	データをグラフ形式で保持、参照する。SNSや商品のレコメンドなど、関連性を検索する用途に向く	Amazon Neptune	Azure Cosmos DB	-	Neo4j AuraDB
時系列	時系列にデータを保管、時系列処理することに特化したデータベース。センサーデータ、ログなどの処理に強み	Amazon Timestream	Azure Time Series Insights	-	
台帳	履歴データの管理に特化したデータベース。履歴を検索、追跡しやすく、データの改ざん対策が取られている。データやアプリケーションの変更管理に適している	Amazon QLDB	Azure confidential ledger	-	

※キーバリュー型は派生型に分解して掲載
※「その他」列には大手クラウド事業者のファーストパーティーサービスではない主要なサービスのうち、クラウドのマネージドサービスとして提供があるものを一部掲載

第 3 章　NoSQL

・グラフ DB

　複雑な関連性の探索が得意な DB です。データとして表現する対象を、ノードとその関係性で表します。ナレッジグラフや SNS のように関係性をたどるシステムに向いています。グラフ DB については 3-4 で詳しく解説します。

　NoSQL の多くは、オープンソースソフトウエア（OSS）の DB です。大手クラウド事業者が独自に開発することもあれば、OSS DB をベースにしたマネージドサービスを開発して提供することもあります。大手クラウド事業者以外から、OSS DB をベースにしながらエンタープライズ向け機能や性能を強化したマネージドサービスも提供されており、独自性のある機能強化が自社の用途に合う場合は検討するとよいでしょう。

キーバリュー型を利用した高頻度軽量トランザクションシステムの設計

　以下では、NoSQL で最も代表的なキーバリュー型のデータベースを用いる場合の設計について説明します。

データモデル設計

　キーバリュー型 DB のデータモデル設計で最も重要なのはキーの設計です。主な考慮点は次の 2 つです。

　・アプリケーションがどのようなキーでデータにアクセスするか
　・データの分散

　1 点目は、例えばユーザー単位でプロフィルやステータスを管理し、アプリケーションがユーザー単位でデータを参照・更新する場合、ユーザー ID のようなユーザーに 1 対 1 でひも付くキーが選択されます。アプリケーションのデータアクセス単位に応じてキー設計を検討していきます。

　2 点目はキーバリュー型 DB が分散処理できるような考慮をします。設計によっ

106

ては性能が劣化する場合があるからです。例えば日付をキーにして、各日付ごとのアクセスランキングの情報を値として持つキーバリュー設計とした場合を考えてみます。参照処理が当日分のアクセスランキングに集中すると、当日分のデータを持つノードに負荷が集中して性能が劣化する可能性があります。

キーバリュー型 DB では、データをキーによって分割したパーティションと呼ぶ単位で物理的に保持します。負荷が特定のパーティションに集中して性能劣化することをホットパーティションなどと呼びます。この場合はキー設計の見直しを検討します。

しかしどうしても大きな偏りが生じる場合もあります。偏りが生じないようにキーを設計すると、アプリケーションの実装が複雑になり開発生産性や保守性が低下することもあります。クラウドのキーバリュー型 DB サービスは、データを分散するためのキー設計がしにくい場合でも性能が劣化しにくくなるような機能を提供しているものもあります。このような場合に利用を検討できます。

「Amazon DynamoDB」の場合はキャッシュ機構を設けることで特定ノードへの負荷を緩和するなど、サービスによってアプローチが異なります。サービスごとの仕様や特性を確認、検証して有効性を判断します。

検索キーについてもクラウドのキーバリュー型 DB サービスは機能拡張の恩恵を得られます。本来、キーバリュー型 DB はキーのみで検索できます。キーによるデータの絞り込みが効かない場合は全件検索になり、高負荷、高レイテンシー（応答が遅い）になります。検索で絞り込みたい項目が複数ある場合のデータ設計が複雑になるデメリットがありました。

現在ではキーとは別にソートキーやインデックスを設定できるようになっています。キーバリュー型でありながら、ある程度柔軟な検索ができます。アプリケーションの開発生産性が高くなるようキーやソートキー、インデックスを設計し、データ分散に問題がある場合は調整をします。

NoSQLの構築と運用

　NoSQL も RDB と同じように、クラウドではマネージドサービスとして提供されていることから、RDB と同じように、構築・運用の自動化が進んでいます。工程の考え方や、工程ごとの効率化方法は NoSQL と RDB で大きな違いが出るわけではありません。

　NoSQL で通常重要になるのは性能試験です。これは NoSQL だからというより、RDB で処理できない規模のトランザクションを実行することが求められる場合に、NoSQL が利用されやすいという事情によります。

　前述のようにキーやソートキー、インデックスなどの設計によってスケーラビリティーは変わります。そのため NoSQL だからといって高い性能が確実に得られるとは限りません。システム開発の前に PoC（概念実証）の工程を設けて実現性を確認するなど、リスクコントロールできる開発計画を立てるのが成功のカギです。

第3章　NoSQL

3-2

NoSQLとDHWを組み合わせる
多様な用途に利用する「CQRS」

　NoSQL は超高頻度で軽量なトランザクションを処理できるデータベース（DB）
であり、この点でリレーショナルデータベース（RDB）にはない優れた特性を持
つ NoSQL ですが、一方で複雑なクエリーやキーバリュー型以外のデータの表現
力が乏しいのが難点です。

　システムではリポートや分析、複雑な条件の組み合わせを含むデータ参照も同
時に発生するのが一般的です。超高頻度なトランザクションと複雑な条件での
データ参照が両方存在するシステムの場合、DB アーキテクチャーをどうすれば
いいか。その答えの1つがコマンドクエリー責務分離（Command Query
Responsibility Segregation、CQRS）です。

NoSQLとRDBのいいとこ取りをするCQRS

　NoSQL は高い性能の拡張性があるのに対して、キーとバリュー（グラフ型は
ノードと関係性）でのデータモデルにしか対応しておらず、トランザクションの
厳密な一貫性を苦手としています。これに対して RDB は書き込み性能の拡張性
に制約がありつつも、表形式での柔軟なデータモデルの表現ができます。トラン
ザクションの厳密な一貫性が保ちやすい特性があります。

　少数の高頻度トランザクションには NoSQL が優位であり、多種多様なクエリー
が発行されるシステムでは RDB が開発・保守生産性を高めやすい利点があります。

　NoSQL と RDB は設計思想が異なる DB であり、両方の特性を同時に備えるの
は長らく困難でした。DB に対する特性として対極のニーズを1つのシステム内
に同居するケースに向けて考案されたのが CQRS という DB アーキテクチャーの

110

高頻度トランザクションを NoSQL で処理

図　コマンドクエリー責任分離(CQRS)の例

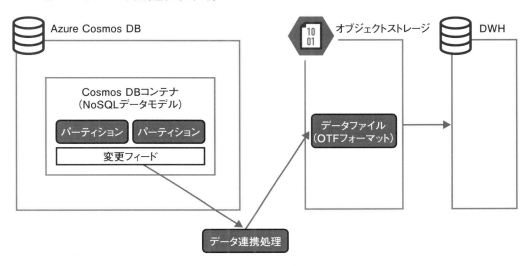

設計パターンです。

　CQRS は NoSQL と RDB を組み合わせた設計パターンです。高頻度トランザクションを NoSQL で処理して、それ以外の処理を RDB（または DWH）で処理する構成です。

　CQRS はアプリケーションと DB およびデータモデルを書き込みと読み込みに分離することを指します。DB とデータモデルが分離されていれば CQRS となり、DB の組み合わせは自由ですが、ここではその中でもアドバンテージを発揮できる NoSQL と RDB の組み合わせを取り上げます。

CQRSにフィットするユースケース

　CQRS に特にフィットするユースケースの中から、近年実装例が増えてきている事例について解説します。

IoT

多数のデバイスやセンサー、測定機器から送信されるデータを蓄積する場合、デバイスの数やデータ送信の頻度によっては NoSQL でなければ処理するのが困難なトランザクション頻度になり得ます。

可視化やデータサイエンス、機械学習でより多くの知見が得られるようになってきていることから、企業が収集するデータの量は増大する一方です。データの発生源と発生頻度の両方が増加しており、IoT（インターネット・オブ・シングズ）も大きな割合を占めています。

IoT で収集されるデータはたいていはシンプルで種類が少なく、ボリュームが多いのが特徴です。IoT は収集したデータを分析して知見を得ることが主要な用途の 1 つであり、DB に対しては短時間で効率よくデータ分析したいという要求が強くなります。

分析する際は IoT 機器などのマスターデータと掛け合わせられることがあります。件数の多くないマスターデータと、大量なログデータを掛け合わせた大規模な集計、分析になりやすい特徴があります。アドホックな分析が日々実行されながら、月次などで定型的なリポーティング処理がされます。分析のリアルタイム性はそれほど強く求められません。

このようなシステムには、NoSQL と DWH の組み合わせが合います。IoT 機器から出されるデータ送信を NoSQL で蓄積し、DWH に連携してから分析するというデータの流れになります。IoT の活用が進んでいる製造業などで既に多用されています。

Webサービス

利用者数の非常に多い Web サービスも CQRS の主要なユースケースです。一般消費者向けの利用頻度が高くなりやすい、EC（電子商取引）、決済、動画、ゲー

ム、チケット予約、交通系などが代表例です。

　BtoB でも利用頻度は一般消費者向けには及ばないものの、EC や不動産、人材サービス、会計、決済などのサービスや SaaS（ソフトウエア・アズ・ア・サービス）には、時間帯や締め日などの処理が集中するタイミングがあります。トランザクションの重要性が高く、オンライン処理を安定して低レイテンシーで処理することが求められることから、DB の処理能力をケアする必要性が高くなります。

　Web サービスにはいくつもの業務処理が実装されるため、たいていは数多くのデータセットがあります。多様なクエリーが実装されており、その一部が高頻度トランザクションになります。分析やリポーティングも IoT よりは多様性に富んだものになりやすいといえます。実績のリポート、課金、ユーザー行動分析など、集計や分析の軸が多くなるからです。ユーザーの利用傾向や実績は後から集計、分析されるのが一般的です。

　このようなシステムには、NoSQL と RDB の組み合わせが向いています。NoSQL では、ユーザーのステータス管理や取引処理、商品情報参照などの高頻度トランザクション処理のみを担わせて、高頻度ではない大半の処理を RDB で実行するのが典型的です。サービスによっては、大量の取引実績やログを短時間で分析するために、さらに DWH に一部データを連携して利用するケースもあります。

CQRSの設計

　CQRS は NoSQL と RDB を組み合わせたアーキテクチャーです。NoSQL と RDB の組み合わせとして設計しなければならないのは、データ連携とトランザクション処理の配置です。

データ連携

　別々の DB を組み合わせることになりますので、定期的に NoSQL と RDB と

の間で更新データを連携します。IoT の場合は、NoSQL に蓄積したデータを DWH に定期的に連携する処理を実装します。日時などで前回から新たに蓄積されたデータを判断して DWH に書き込む、比較的シンプルな処理になるでしょう。

Web サービスでは両方向でデータを連携する可能性があります。例えばユーザー情報の更新を NoSQL に書き込むことにする場合は NoSQL から RDB に連携します。商品情報の更新が他システムを経由して RDB に反映される場合は、RDB から NoSQL に連携します。

データ連携が完了するまでは、片方だけに最新のデータが入っている状態になります。この構成では同期間隔を短くはできますが、完全にデータを同期させた状態を維持し続けることはできません。NoSQL と RDB のデータの状態が多少ずれていたとしても、システム全体として矛盾なく運用を継続できるように考慮してアプリケーションを作成します。

これはアプリケーション開発者の負担になります。データが最新ではない場合でも問題ないかと常に考えて設計する必要があるからです。シンプルな IoT システムであれば、IoT 機器から発生したデータが NoSQL に蓄積され、夜間に DWH に連携されて分析・集計で利用される、といった実装になります。この場合は「前日夜までのデータを分析できる」という制限だけを意識して開発、利用すればよくなります。データ状態のずれの影響を最小にできるかが考慮ポイントです。

トランザクション処理の配置

もう 1 つ考慮するのがトランザクション処理の配置です。Web サービスで特に重要となる設計ポイントです。データと処理を NoSQL に配置するか、RDB に配置するかという点です。NoSQL に配置するデータと処理が多くなるほど、データ状態のずれの影響が大きくなり、データ連携の必要性も増します。

システムの複雑性を抑える原則は疎結合であり、CQRS でも同じです。どうし

3-2　NoSQL と DHW を組み合わせる、多様な用途に利用する「CQRS」

ても RDB ではトランザクション頻度に対応するのが難しい処理に絞って NoSQL に配置を検討するとよいでしょう。

　トランザクション処理の配置は、CQRS での開発の実現性にも関わります。システム開発の現場では、大半の開発者は RDB の経験はあるものの、NoSQL は未経験なのが実情です。NoSQL に配置するトランザクションが少なければ、開発者が RDB だけに慣れている状態でも少数の開発者が NoSQL を覚えることでこの構成で開発できるようになります。

運用負荷を下げるクラウドの進化

　NoSQL と RDB の組み合わせはメリットが多いものの、データ連携と複数 DB の運用にオーバーヘッドがかかるアーキテクチャーです。クラウド上でも DB は用途別にいくつかのサービスに分かれており、システム構成の複雑さや運用難度の上昇につながる要因になります。

データ連携の実装負担を軽減する構成

　このような状況に対して、クラウドではデータ連携のオーバーヘッドを緩和する動きもあります。その一例が米 Microsoft（マイクロソフト）の「Azure Cosmos DB（Cosmos DB)」です。Cosmos DB では NoSQL としてデータを書き込む際、変更フィードと呼ぶ履歴情報を生成します。変更フィードは更新の順番に記録されており、同期または非同期で読み取って処理できます。

　非同期で変更フィードを読み取って読み込み処理に適した形に変換する処理を実装すると、データ連携の開発を効率化できます。変更フィードのメリットは、未処理の変更データを探すために、変更されたデータを判断したり、現在どこまで処理済みかというステータスを持ったりする必要がないことです。

　Cosmos DB は内部にコンテナと呼ぶ単位でリソースを確保し、パーティションの単位でデータを分割して保持しています。コンテナ内の変更フィードを外部

115

データ連携のオーバーヘッドを緩和

図　Azure Cosmos DB でのデータ管理実装例

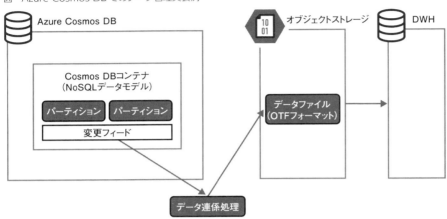

で読み取り、データ形式を変換するなどの処理について実行後に連携先に書き込みます。

　Cosmos DB は RDB の形式でデータを読めるようにデータ定義することも可能で、Cosmos DB 内部で RDB の形式で利用できます。ただし実態としては NoSQL 形式で保持しており、主要な RDB 製品と同じように利用できるわけではありません。代表的な構成パターンは Cosmos DB と別の RDB または DWH を組み合わせる方式になります。

データ連携を自動化する構成

　DB サービスの組み合わせ次第では、データ連携を自動化できます。一例をあげると、米 Amazon Web Services（アマゾン・ウェブ・サービス、AWS）の「Amazon DynamoDB（DynamoDB）」と「Amazon Redshift（Redshift）」の組み合わせでは、「ゼロ ETL」と呼ぶ自動データ連携の仕組みが提供されています。

　連携対象の設定をしておけば、DB サービス間で自動的に連携され、ほぼリアルタイムで DynamoDB へのデータ変更が Redshift に反映されて利用できるよう

になります。ゼロ ETL といっても、ETL（抽出・変換・ロード）の処理がなくなるわけではなく、バックグラウンドで自動実行されています。

このような機能は他の DB サービス間でも実装され始めています。種類が多くなった DB サービスの相互運用性を高める進化はこれからも続くと思われ、新たな構成パターンが増え続けるでしょう。

第3章　NoSQL

3-3

NoSQLと相性の良い
マイクロサービスアーキテクチャー

　昨今のDX（デジタルトランスフォーメーション）の取り組みにおいては、市場の変化にいち早く対応するために開発のスピードが要求されます。変化に伴って高頻度でリリースを繰り返すような場合でも、開発生産性を保てるようにマイクロサービスアーキテクチャー（Microservices Architecture、MSA）を適材適所で採用する企業が増えてきました。MSAはNoSQLと相性が良く、組み合わせて利用されるケースが多々あります。MSAと組み合わせるメリットと、その場合の運用課題の解決方法を併せて解説します。

マイクロサービスアーキテクチャーはデータをサービスに含める

　MSAは大規模なシステムをマイクロサービスという小さな単位に分割して小規模な開発チームに分けて開発・運用する手法です。変化に対応しやすいアーキテクチャーとして、DXに取り組む企業に注目されています。

　MSAの場合、データをサービスの中に含めて、単一のサービスでのみ利用するという考え方を採用します。リレーショナルデータベース（RDB）でデータを正規化してプロセス間で共有するのとは異なる発想です。データを共有しないからこそプロセス間の関係性を小さくでき、変更と高頻度のリリースを効率よく実行できるという考え方です。

　この考え方に加えて、MSAを採用するシステム状況にもNoSQLが合いやすい特徴があります。3点挙げます。

・サービス単位のデータ所有
　正規化されたRDBによるアプリケーション開発が今でも主流ですが、MSAは

118

データをサービスに包含

図 マイクロサービスアーキテクチャーにおけるサービスとデータの関係

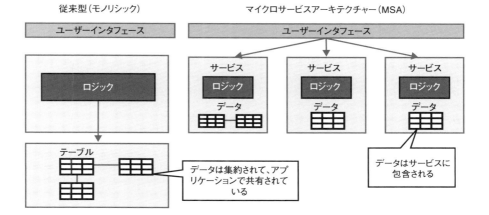

DB選択において高い自由度を持つアーキテクチャーです。各マイクロサービスが自身のデータを所有し管理するMSAの思想は、データの自己完結性を重視するNoSQLの設計思想との親和性が高いと言えます。

マイクロサービスは、各サービスが担当する業務機能に最適なデータアクセス方法を選択できます。サービスごとに異なるデータモデル（正規化された関係モデルや非正規化されたKey-Valueモデルなど）を採用可能で、ユースケースに合わせてRDBとNoSQLを柔軟に選べます。MSAではサービスとデータの設計によってRDB、NoSQLどちらが適しているかが変わり、NoSQLにフィットするユースケースでの採用例が多数あります。

・スケーラビリティーの親和性

　MSAを選ぶシステムは、社外向けのサービスで需要の変動が大きい傾向があります。MSAのアプリケーション処理基盤はコンテナ環境などによる水平スケーリングができて、個々のサービスの需要に応じて独立してスケール可能です。

　この点でMSAとNoSQLを採用する状況と処理基盤への要求は似ています。

第 3 章　NoSQL

高頻度更新トランザクションやスパイク型のトランザクションが発生する場合、アプリケーションを実行するアーキテクチャーを MSA とし、DB を NoSQL とするのは自然な選択肢の 1 つです。

・スキーマの柔軟性

　NoSQL DB はスキーマを柔軟に設計できます。MSA は変化の大きなシステムに用いる開発手法として採用されやすく、NoSQL のデータモデルを柔軟に変更できる特徴が適合します。1 つのマイクロサービスが含むデータは繰り返し項目を持つこともあれば、マイクロサービスのバージョンが変わることで項目自体も変わることがあります。このような場合でも、キーが一意になり、分散処理できるように設計できれば、バリューの部分は柔軟に変更可能であり、この点が相性が良いとする理由です。

　マイクロサービスで定義しているキー以外のデータ構造を格納する方法としては、JSON 形式などに変換して文字列として格納する方法、バイナリー形式で格納する方法があります。

　バイナリー形式にはさらにいくつかの方式があり、構造情報を持たせてバイナリー化する方法、圧縮する方法があります。構造情報を持たせるとデータサイズが大きくなり、検索キーなどによる検索が実行しやすくなります。バイナリー形式にするとデータサイズを小さくできますが、検索キーによる検索ができなくなります。

マイクロサービスでのトランザクション管理とNoSQL

　開発生産性を高めるメリットのある MSA ですが、更新処理での DB 処理に課題が発生しやすい点には注意が必要です。特に更新処理が複数のサービスにまたがってデータを更新する場合は、途中で中断した際のデータの整合性を保つ仕組みが必要になります。MSA ではサービス間を疎結合とするため、複数のサービスにおける更新処理について原子性のあるトランザクション、つまり一連の処理

3-3 NoSQL と相性の良いマイクロサービスアーキテクチャー

としては実行しないからです。

　同時並行で更新処理を実行した際、関連性のあるデータに対する更新順を1つのトランザクションとして制御できない場合、更新順が変わりデータが不正な値になる（整合性を保てない）可能性があります。

　整合性を保つには幾つかの設計パターンがあります。1つはアプリケーション設計を工夫する方法です。MSAでのアプリケーション設計の詳細は省きますが、アプリケーションとしてトランザクションを管理する仕組みを開発します。しかしMSAは開発・保守生産性を高めることを目指して考案された手法です。RDBなどのDBが通常備えているトランザクション管理をわざわざ独自に実装するのは開発難度を高めて生産性の低下につながります。

　整合性を保つもう1つのアプローチが結果整合性です。アプリケーションはトランザクション管理を実装せず、データの整合性が崩れるのを防ぐ仕組みを持たせません。整合性が崩れたデータを検知し、修正するプロセスを開発する方法です。この方法も結果整合性を保つための開発・保守コストが発生します。

　MSAでは整合性を保つ必要性が低くなるように疎結合なサービスとデータを設計するのが基本ですが、クラウドでのDB技術の進化によって以前よりも基盤に任せられることが増えています。うまく利用できるとMSAで整合性を保つための設計、実装負担を下げられます。

NoSQLでのトランザクション管理

トランザクション管理をサポートするNoSQLの選択

　NoSQLは以前、厳密なトランザクション管理を提供していませんでした。近年の大手クラウド事業者が提供する主要なNoSQLサービスでは、機能が追加されてトランザクション管理レベルを設定できるものが多くを占めています。

第 3 章　NoSQL

　NoSQL はデータの一貫性を犠牲にして（アプリケーション側で保証することを求める）性能の拡張性を得る DB というのが長い間常識でしたが、近年の進化でトランザクション管理もサポートするようになりました。

　ただし製品によってその管理レベルは異なり制限もあります。サポートされる管理レベルを把握して製品選択をした上で、DB のトランザクション管理に任せられない更新シナリオではアプリケーション側でのトランザクション実装を検討します。

　NoSQL でのトランザクション管理サポートは徐々に拡大する流れがあり、部分的な制約が発生する可能性があるとはいえ、MSA の設計、実装負担を下げる有力な方法といえます。

トランザクション管理機構の追加

　アプリケーションと DB の間にトランザクションを管理するレイヤーを用意する方法もあります。特に MSA で NoSQL を利用する場合をユースケースとして開発されている製品に ScalarDB があります。アプリケーションから見たときに ScalarDB は DB レイヤーを仮想化して、参照・更新処理の実行を受け付けます。トランザクション管理機能を提供しながら NoSQL に対してデータアクセスする仕組みです。このようなミドルウエアを導入すると、複数の DB 間でも厳密にトランザクション管理をしながら DB の違いを隠蔽できるメリットもあります。

　システム基盤構成の複雑性が多少は増すものの、NoSQL を選択する自由度を高めて開発・保守生産性を保つ方法の 1 つとして検討できます。

NoSQLの運用

　NoSQL を利用するシステムでは、トランザクション実行頻度が大きく変動する可能性が高いことが多く、DB とアプリケーション双方の性能を監視し、予兆を捉えて対策を取ること重要です。NoSQL では、リクエスト数、レスポンスタイムの分布、リソース消費、エラー発生状況などが基本的な監視内容になります。レ

トランザクション管理のレイヤーを用意

図　MSAでのトランザクション管理の概要

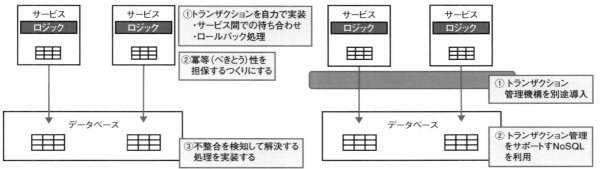

スポンスタイムの悪化やエラーの増加などを監視、可視化して分析します。

クラウド上のNoSQL性能管理

　大手クラウド事業者のNoSQLサービスの大半は、ログ管理サービスに性能やリソース消費、エラー発生状況などの基本的なモニタリング項目がログとして連携され、ログ管理サービスまたはNoSQLサービスのコンソール画面で可視化する仕組みを持ちます。

　ただしグラフの種類やカスタマイズオプションが限られるため、最も簡易かつ最小限の可視化環境となります。エラー発生やレスポンスタイムの急増など異常な状況を通知したい場合、同じくログ管理サービスでアラームを設定します。クラウドでは少ない手間で基本的な監視はできるようになっています。

　モニタリング項目を追加して可視化したい場合は、NoSQLサービスによって対応が異なります。ログ管理サービスで追加的なメトリクスを設定すればよいサービスもあれば、他のツールをセットアップする必要のあるサービスもあります。

ログ管理サービス／監視ツールで可視化する

図　NoSQLの性能管理構成例

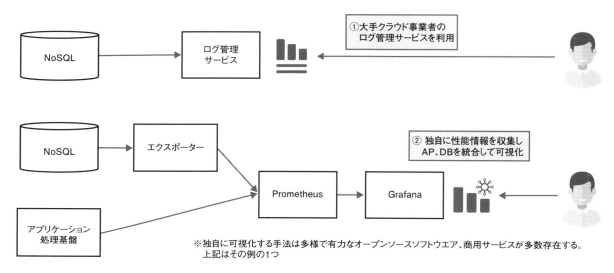

※独自に可視化する手法は多様で有力なオープンソースソフトウエア、商用サービスが多数存在する。上記はその例の1つ

　可視化によく利用されるツールには、オープンソースの監視ツールである「Prometheus」と「Grafana」の組み合わせが挙げられます。これらを利用するメリットは、より詳細なNoSQLのメトリクスを確認できることと、DB以外のアプリケーション環境などのログと統合管理できること、ダッシュボードを柔軟につくれることです。パブリッククラウドのコンソールを操作せず、ダッシュボードだけ確認すればよくなります。

　運用環境を実装するには次のコンポーネントを用意します。

・エクスポーター
　NoSQL DBのメトリクスを収集し、Prometheusが管理する形式（OpenMetricsフォーマット）に変換します。

・Prometheus
　設定された間隔でエクスポーターからメトリクスを収集し、Prometheus内部

に時系列 DB としてメトリクスを保存します。

・Grafana

Prometheus に格納したデータに接続してクエリー、ダッシュボードを通じて
メトリクスを視覚化、アラートを送信します。

性能問題やエラーが発生した場合はアプリケーションと DB を横断して原因切
り分けと調査をします。その際に統合管理できる環境があると障害対応のスピー
ド向上と運用の生産性向上に寄与します。

大手クラウド事業者ではサポートレベルは異なるものの、Prometheus と
Grafana をマネージドサービスとして提供しています。米 Amazon Web Services
（アマゾン・ウェブ・サービス、AWS）は「Amazon Managed Service for
Prometheus（AMP）」がマネージド型の Prometheus サービス、「Amazon
Managed Grafana（AMG）」がマネージド型の Grafana サービスとなっています。

ただし Prometheus のコンポーネントのうちデータを取得して集約する部分は
マネージドサービスでは実行できず、独自に「Amazon Elastic Compute Cloud
（EC2）」やコンテナ環境に Prometheus 環境を構築する必要があります。

こうした用途でさらに利便性を高めたのが米 Datadog（データドッグ）の
「Datadog」や米 New Relic（ニューレリック）の「New Relic」、米 Dynatrace（ダ
イナトレース）の「Dynatrace」といった商用サービスです。多くが SaaS（ソフ
トウエア・アズ・ア・サービス）として提供されています。ログ収集やダッシュボー
ドのテンプレートを利用できるため、セットアップの手間をあまりかけずに利用
を開始でき、監視環境自体の運用を考える必要がありません。

システムの重要性が高い場合や運用で性能管理を容易にしたい場合には、より
リッチな運用管理環境を構築するとよいでしょう。

第 3 章　NoSQL

3-4

関係性を基にデータ活用 グラフデータベース

　近年、関係性を重視したデータ活用の重要性が高まる中、グラフデータベース（グラフ DB）はその高速なパス探索や柔軟なスキーマが注目を集めています。以下では、SNS から企業内データまで多様なユースケースで威力を発揮するグラフ DB の基本概念や主要製品の違い、そして設計・運用上のポイントを解説します。

　既存システムとの連携や大規模運用で求められるスケーラビリティーなど実践的な観点にも焦点を当て、導入の実例や注意点を掘り下げていきます。

グラフDBの意義

　グラフ DB は、データをグラフ構造で表現して参照する DB です。グラフ構造というのは、ノード、エッジ、プロパティーの 3 つのコンポーネントから成ります。

　ノードやエッジにラベル（Label）を付与することで、データの分類や管理をしやすくする手法が一般的に使われています。このようなラベル付きのモデルはLPG（ラベル付きプロパティーグラフ、Labeled Property Graph）と呼ばれ、多くのグラフ DB で採用されています。

　リレーショナルデータベース（RDB）に対応付けると、ノードはレコードであり、エッジ（リレーションシップ）は関連テーブル、プロパティーは項目に相当します。グラフ構造は関係性をたどった検索に強みがあり、エッジが最も重要な構成要素です。

　エッジ（関係性）をたどる検索の意義は、例えば「かんきつ類の品種」のように品種改良の親子関係が複雑に入り組んでいる関係性をノード（品種）とエッジ

3-4 関係性を基にデータ活用、グラフデータベース

「エッジ」は関連テーブルに相当

表　グラフデータベースとリレーショナルデータベースのデータ構成要素の対応付け

グラフデータベース	リレーショナルデータベース
ノード	レコード
エッジ（リレーションシップ）	関連テーブル
プロパティー	フィールド
ラベル	テーブル名

※異なる概念ではあるが近い構成要素に対応付けるとこのようになる

（親子関係）の関係性で表現して、系図のようにたどりやすいことにあります。

　同じことを RDB でデータ参照する場合、マスターテーブル（1レコードでかんきつ1品種の情報を格納）と関連テーブル（品種間の親子の関係性の情報）との間を関係性が続くかぎり繰り返し参照する方法になるのが一般的です。

　RDB の場合の問題点の1つはデータをたどり続けると、その回数だけ同じテーブルを結合することです。クエリー記述が複雑になりやすく、数百～千行を超えることも珍しくありません。保守生産性の低下につながります。

　もう1つはパフォーマンスの低下です。RDB では結合が多いと処理時間が長くなりやすく、OLTP（Online Transaction Processing）処理においては実用に耐えられなくなります。グラフ構造で表現、参照すると理解しやすいデータは、クエリーの記述のしやすさと性能の両面でグラフ DB にアドバンテージがあります。

　グラフ DB の種類は大きくネイティブグラフとマルチモデルがあります。ネイティブグラフはグラフデータをそのままの形式で格納します。エッジ（関係性）をたどる回数が多くなってもパフォーマンスを保ちやすいのが特徴です。マルチモデルは RDB など他の種類の DB が、RDB などの形式に変更してグラフデータ

127

データ参照を簡単に記述
図 「愛媛のかんきつ家系図」をグラフデータベースに登録した例

データ参照の記述例（サイファー言語）
　MATCH p=(:Orange {name:'清見'})-[*]-(:Orange {name:'紅まどんな'})
※「清見」から「紅まどんな」までの経路を辿る

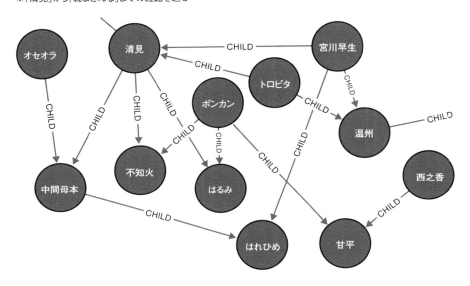

を格納します。パフォーマンスが劣化しやすいものの複数のデータ形式を1つのDBで扱える利便性がメリットです。

　ここではグラフDBで一般的な「Neo4j」に代表されるネイティブグラフでスキーマレスの製品を例に説明します。グラフDBを参照する記述言語は幾つかありますが、本書ではNeo4jなどで使う「サイファー（Cypher）」で例を記述しています。2024年にISO標準になった「GQL」のベースとなる問い合わせ言語です。

グラフDBが得意とするユースケース

　グラフDBはレコメンデーションや不正検出、部品表管理、ナレッジグラフなどで一般企業の業務で利用されます。SNSで人の関係性（例：「ジェームズ」と「メ

アリー」は「友人関係」）を表現して参照するために広く使われています。

不正検出・セキュリティー強化

　グラフ DB は金融、EC（電子商取引）、セキュリティー分野において、不正対策の強化に大きく貢献しています。不正検出は、近年は AI（人工知能）を活用してパターンを特定する手法が発達してきています。ここで重要なのが「検出した知識をどのように蓄積し、次回以降の検出精度を高めるか」という点です。

　例えば不正行為の手順がデータとして蓄積されていれば、不正アクセスが発生した瞬間に警告を発せられます。グラフ DB は、単なるトランザクションの記録ではなく、不正をしている人物の住所、行動パターン、関連する他の人物とのつながりを分析し、不正の兆候とひも付けて検出する手段として利用できます。従来の RDB では検索しにくい関係性のパターンを簡単に識別できるためです。

部品管理（BOM／SBOM）

　製造業では多数の部品から成る製品の構造を記述する部品管理表があります。部品と部品、製品の関係性を含むデータ構造になっています。部品点数が多くなると RDB では設計、発注などの作業ごとに部品表を展開、参照、集約する処理に時間がかかり生産性が低下する要因になっています。

　グラフ DB なら「関係（エッジ）」を直接たどることで高速かつシンプルに情報を取得できます。同じようにソフトウエア管理の分野でもソフトウエア部品表（SBOM、Software Bill of Materials）など、ライブラリーの依存関係や更新管理が重要な領域でグラフ DB のメリットを得られます。

企業内のナレッジグラフ構築、業務の知識を共有

　企業の業務知識は、手続き、問題解決、ノウハウなど多岐にわたります。これらを整理し、情報を共有するのがナレッジグラフです。業務効率の向上や暗黙知の形式知化の手段となります。

代表例としてフローチャートをイメージすると分かりやすいでしょう。タスクとその関係性をグラフ構造で表現できます。業務フローが変更になった場合、グラフ DB なら「変更後の処理を追加し、エッジをつなぐ」だけで対応可能です。さらに、適用開始日をプロパティーとして管理すれば、過去のフローとの比較も簡単にできます。

フローチャートを Excel のようなドキュメントではなく、DB 上のデータとして持つことで社内で生成 AI に読み込ませて利用できるのもメリットでしょう。グラフ DB を生成 AI の RAG（検索拡張生成）の DB として利用する技術を「GraphRAG」と呼びます。

医療・ライフサイエンスでの活用

医療・ライフサイエンス関係では「医者の処方と患者の関係から特定の症状に有効な薬品を生成 AI を利用して見つける」といったユースケースがあります。薬品名は誤りが許されないため、LLM（大規模言語モデル）に正確な情報を RAG で与えて精度を高める必要があります。症状、薬品名とその正確な関係を取得するために利用する DB として、関係性の検索に強いグラフ DB が適しています。ここでも GraphRAG が利用できます。

データ統合とメタデータ管理（語彙基盤）

企業内には幾つものシステムやファイルにデータが散在していてデータの統合に苦労することがあります。データを統合する際、システムやファイル内で定義している項目名に一貫性がないためメタデータ（項目名などのデータを説明する情報）をひも付ける、といったことは一般的に行われています。

たいていは Excel で変換表をつくって管理するなどしていますが、DB として管理されていないと関連性のある項目名を漏れなく検索したり、生成 AI に同じ意味を示す項目を探させるなどの処理ができません。項目名などのワードの意味的な関係性を正しく判断できれば、データ統合の際のデータ項目のひも付けがしやすくなります。なにより、データ活用の際に生成 AI で利用目的に合致したデー

フローチャートをグラフ構造で表現
画像　ドイツyWorksのビジュアライズツール「yEd Graph Editor」のサンプル画面

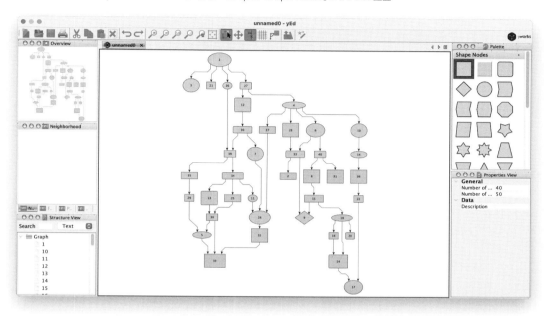

タがどれなのかを問いかけ、正しい回答を得る可能性が高まります。

　筆者（編集部注：Neo4jユーザーグループの案浦浩二氏）が関わった例では、IPA（情報処理推進機構）のIMI（Infrastructure for Multilayer Interoperability、情報共有基盤）と呼ぶデータ辞書整備で利用しています。IMIでは、企業などの間でデータを共有する際に利用するデータ項目などについて、標準的な辞書を整備しています。標準に準拠することで異なるシステム間でのスムーズなデータ共有や連携ができることを目指しています。

　IMIは項目間の関連性をデータとして検索、管理する手段としてグラフDBを利用しています。グラフDBを利用することによって異なる辞書バージョン間でどのように定義が変化したかを追うなどの処理ができるようになっています。

第 3 章　NoSQL

既存システムのデータチェック

　グラフ DB は、意外なところでデータ品質のチェックにも活用できます。RDB では、システムの運用が長くなるにつれてデータの整合性が崩れることがよくあります。「修正パッチの適用によって、親レコードが存在しないのに子レコードがある」といったことがかなりの割合で存在します。

　このような問題を発見するのは困難ですが、グラフ DB を使えば、データのつながりを可視化し、異常データを簡単に洗い出せます。特に数百万件程度の小規模なデータであれば、すぐに試せるので検証の価値があります。

代表的な製品の特長と選定のポイント

代表的な製品一覧

　グラフ DB には、RDB の SQL とは異なり、複数のクエリー言語が存在します。製品によって利用できるクエリー言語が異なります。その中でも「GQL（Graph Query Language）」は、2024 年 4 月に ISO 標準として正式に認定された言語で、「Cypher」「PGQL」「G-CORE」をベースにしています。特に広く使われているのが Cypher と Gremlin です。知識グラフを扱う場合は、「SPARQL」が一般的に使用されます。

導入・選定における考慮ポイント

　グラフ DB は、製品による実装の違いが他の種類の DB より大きい点に注意します。前述したネイティブグラフかマルチモデルかという観点は重要です。性能や使い勝手の要件に合うかを確認することになります。机上調査に加えて検証が必要です。性能、スケーラビリティー、使いやすさ、コストなどを評価します。

　グラフ DB では長らく Noe4j がよく利用される製品となっており、クラウドで様々なサービスが提供されるようになりました。クラウドで利用できるように

複数のクエリー言語が存在

表　グラフデータベースの代表的な製品

データベース製品	データベースモデル	主なクエリー言語
Neo4j	グラフ	GQL、Cypher
Amazon Neptune	マルチモデル	Gremlin、SPARQL、openCypher
ArangoDB	マルチモデル	AQL（Arango Query Language）
JanusGraph	グラフ	Gremlin
Ultipa	グラフ	GQL、UQL

RDBとは異なるクエリー言語

図　Cypherでデータ構造を表現した例

```
①ジェームズとメアリーは結婚しています
(:Person {name:'ジェームズ'})-[:MARRIED]->(:Person {name:'メアリー'})

②ジェームズの仕事は学校の先生で、日本車を所有しています。
  日本車はスノータイヤを装備しています。
(:Person {name:'ジェームズ'})-[:HAS_JOB]->(:Job {name:'学校の先生'})
(:Person {name:'ジェームズ'})-[:HAS_CAR]->(:Car {name:'日本車'})-[:HAS_TIRE]->(:Tire {type:'スノータイヤ'})
```

なったことで製品のセットアップや運用の複雑性から解放されて利用が進んでいる側面があります。グラフDB自体の普及はまだこれからだと考えられ、主要な製品は入れ替わる可能性があります。製品の継続性も選定ポイントの1つです。

　グラフDBに慣れているエンジニアはまだ少ないことから、ドキュメントなどの情報の充実度についても重視して選定するとよいでしょう。

第3章 NoSQL

性能のボトルネックを確認

画像　Neo4jグラフデータベースでクエリーの性能を解析する画面

グラフDBでの設計、運用業務

データモデリングの考え方

　グラフDBを初めて設計する際、特にRDBを長年使ってきたエンジニアほど、正規化やスキーマ設計の考え方に引っ張られがちです。しかし、その知識のままグラフDBを設計すると、グラフ構造として非効率な設計が多くなります。

・基本的なデータモデリングのステップ

　グラフDBの基本的な設計アプローチは、関係性を第1に考え、ノード（エンティティー）とエッジ（関係）を中心に設計することが重要です。この点がRDBで正規化していくアプローチとは根本的に異なります。以下の手順で設計を進めると、効率的なデータモデリングができます。

3-4 関係性を基にデータ活用、グラフデータベース

1、まずノード（エンティティー）をつくり、ノード間の関係をエッジで表現
2、次にノードに必要なプロパティーを考え、追加
3、検索のキーになるものにはインデックスを追加
4、プロパティーとして保持するか、ノードとして独立させるかを検討

・プロパティーからノードへ変更

　設計を進めていくと、プロパティーではなくノードとして独立させた方がよいデータが出てきます。例えばユーザーのノードに電子メールをプロパティーとして格納していたとします。しかし、ある時点で「1人のユーザーが複数のメールアドレスを持つことがある」と分かった場合、この電子メールをノードとして独立させるのが適切です。

　さらに、電子メールを独立したノードにすることで、「同じメールアドレスを使っている別のユーザー」を発見できるメリットも生まれます。これにより、不正検出やソーシャルネットワーク分析にも活用できます。

・最もシンプルなデータモデリングの方法

1、とにかくノードになるものを登録
2、関係になりそうなものを見つけてエッジを追加
3、プロパティーでノードにした方がよいものは変更
4、検索のキーになるものにはインデックスを追加
5、プロパティーとして保持するか、ノードとして独立させるかを検討

　この方法であれば最初から複雑な設計をせず、データを動かしながら改善していけます。

クエリーの最適化とインデックス設計

・クエリーの最適化

　基本的に関係を示すエッジは向きがある有向グラフです。複数のエッジをまた

いだ検索の場合は向きを統一して片方向の検索だけにすることで高速化します。

　加えて、グラフ DB のクエリーでは件数と階層を制限します。業務的に意味の
ある件数、階層を取得しながら速度を保てるようにクエリーをつくります。DB
製品によってクエリーの性能や実行計画の解析が可能で、速度的なボトルネック
になっている部分を可視化して最適化の検討ができます。

・インデックス設計
　インデックスの設計はクエリーより重要です。これで速度が劇的に向上すると
いっても過言ではありません。インデックス設計の方法は RDB と似ています。

　1、検索するプロパティーにインデックスを作成
　2、検索の際、複数の項目を使うなら、複数の項目でインデックスをつくる

　インデックスの種類は製品によって異なりますが 1 つではありません。下記の
ようなインデックスもあります。

　1、Text (テキスト)
　2、Point (緯度経度など)
　3、Vector (ベクトル)

　初期データとして、CSV ファイルから顧客情報や購入商品データ、さらに関
連テーブルを取り込む場合、大量のデータを扱うことになります。そのため、デー
タロード時には顧客 ID と商品 ID にインデックスを設定し、検索や関連付けの処
理を効率化します。

　しかし、データのロードが完了し、エッジ（関係）を作成した後は、基本的に
ID 検索することがなくなるため、インデックスは不要になります。そのため、
不要なインデックスを削除（ドロップ）し、ストレージ使用量の削減やパフォー
マンスの最適化を図ります。

第4章

NewSQL

4-1 RDB と NoSQL の長所を融合
次世代データベース NewSQL ································ 138

4-2 NewSQL を用いて実践
大規模アプリにおける設計と運用 ························· 148

第 4 章　NewSQL

4-1

RDBとNoSQLの長所を融合
次世代データベースNewSQL

　NewSQL をはじめとする分散 DB について製品ベンダーやクラウドベンダーから新サービスが相次いで提供されています。NewSQL は文字通り、汎用的な用途で使えるリレーショナルデータベース（RDB）としての利便性を持ちながら、非機能面の弱点を克服した新しい種類の DB です。

　一般的なシステム開発で使われる RDB は、拡張性（スケーラビリティー）の確保が難しいという課題があります。これまでこの課題について DB を複雑に組み合わせるなど大規模なシステム構成を取ることで対応してきました。

　NewSQL は分散 DB とも呼ばれています。分散 DB は文字通り複数の DB サーバーで分散稼働する製品であり、この課題を克服できる DB として注目されています。さらに拡張性だけでなく、ダウンタイムのない可用性の高い運用が可能になります。この拡張性と高可用性は運用負荷の大幅な軽減につながります。

　以下では、RDB の弱点をあらためて理解した上で、分散 DB が登場してきた背景、分散 DB の種類とアーキテクチャー、それぞれのユースケースについて解説します。

RDBの持つアーキテクチャー上の課題

　RDB は一般的なシステム開発で使われるリレーショナル（表形式）の正規化されたデータモデルを利用し、ACID 特性（Atomicity ＝原子性＝、Consistency ＝一貫性＝、Isolation ＝分離性＝、Durability ＝永続性＝の頭文字でデータの信頼性を保証する性質）を保つことを重視しています。

この特性を実現するために1台のサーバーで動作するのを前提として実装されています。このRDBの実装においては、2つの制約が存在しています。

・データ更新性能をスケールアウトできない

サーバー性能の増強は可能ですが、複数台のサーバーで稼働させるスケールアウトができないという制約があります。データの複製（レプリケーション）をすることで読み取りサーバーを増やすことは一般的に行われますが、データの更新は常に1台という制約があります。この特徴からデータ更新性能の向上が難しいという課題があります。

・無停止でサーバーの切り替えができない

データ更新は常に1台のサーバーで行うという制約から、DBを冗長構成にした場合でも、メンテナンスや障害が発生した際はDBを停止してスタンバイに切り替える必要があります。メンテナンスが予定される場合は、運用チームでDB停止と切り替えについて調整と準備をすることになります。これはクラウドサービスについても同様です。

この課題についてどう対応すればよいかは明快です。更新性能がスケールアウトできない課題については1台のサーバーではなく複数台のサーバーで管理すれば解決できます。つまり、データを分割（シャーディング）して複数台のサーバーで管理します。

無停止でサーバーが切り替えられないという課題については、同じデータが別のサーバーにも存在していればよいということになります。データを複製（レプリケーション）することになります。

これらの課題について、NoSQLと呼ぶキーバリューストア（KVS）DBではACID特性を限定的にすることで複数台のサーバーでデータ更新とレプリケーションを可能としてきました。

第 4 章　NewSQL

　しかし、KVS を利用するにはキーとバリューでアクセスするシンプルなデータモデルである必要があることから、一般的なシステムでの利用は限定的でした。一般的なシステムでは表形式のデータモデルが合致するため、データを KVS のデータモデルで設計することが困難だからです。

分散DBアーキテクチャーの特徴とユースケース

　ここで解説する分散 DB は RDB と KVS がそれぞれ持つ強み（良い点）を実現することを目的としたアーキテクチャーになっています。RDB と同じデータ操作（SQL で正規化されたデータモデルを操作し ACID 特性がある）が可能で、複数台のサーバーでデータを更新するスケールアウト構成が可能というものです。

　この分散 DB には 2 つの方式があります。

・データシャーディング型

　クラスター管理ノードとシャードデータベースの 2 階層モデルです。クエリー処理はシャードデータベースで実施されます。テーブルのデータを指定した列の値を基に各サーバーに分割して配置します。

　シャード DB に配置したデータはそれぞれのサーバーで処理されます。データはシャード DB に分割していますが、アプリケーションからは通常の 1 台のサーバーの DB と同じように利用できます。通常の RDB を拡張した形で提供されています。性能向上に特化し、レプリケーションは通常行われません。クラスター内のサーバーが停止した場合はそのサーバーのデータアクセスができない状況になります。

　単一シャード DB 内の処理は通常の RDB と同じレベルでできるため、複雑なクエリーにも対応できます。しかし、別々のシャード DB に存在するデータを横断したトランザクションや表結合の際は考慮が必要です（チューニング方法とし

ては同じテーブルを全シャードDBに複製する方法があります)。

　シャードDB内の処理は得意であるという特徴から、テナントごとにスキーマをつくり、基本的にテナント内で処理をするマルチテナントアプリケーションにフィットしやすい特徴があります。半面、全てのデータを横断(シャードデータベースをまたがる)する処理には向きません。特定のシャードデータベースに負荷が偏らないように配置を調整するのが重要です。データシャーディング型は以前からあったタイプのデータベースですが、フィットする用途が狭くシャードの設計難度が高いことからあまり普及は進んできませんでした。

・データシャーディング＋レプリケーション型(NewSQL)

　この方式は、米Google(グーグル)の分散データベース「Cloud Spanner」の実装に関する2012年の論文「Spanner: Google's Globally-Distributed Database」を参考にして、2020年ごろから各製品の提供が本格的に始まりました。

　データは各サーバーに分割し、複数のサーバーで一貫性を保つための分散合意アルゴリズム(PaxosやRaft)を用いてデータをレプリケーションします。製品の開発経緯からSpanner由来やSpannerインスパイアード製品と称されることもあります。これらの実装はNoSQLの特徴を取り入れつつ、RDBとして必要なSQL利用とACID特性を備えることから「NewSQL」とも呼ばれています。

　アーキテクチャーはコンピュート、ストレージの2階層モデルです。クエリー処理はコンピュートが複数台に分かれて管理しているストレージとAPI(アプリケーション・プログラミング・インターフェース)で連携して実行されます。コンピュートとストレージが疎結合であることから、必要な性能に応じて自由にスケールアップ／ダウンできます。ピーク特性を持つ利用形態の場合、事前にスケールしておくといった対応が可能です。

　コンピュートノードとストレージノードが分離しているため、データの操作に

データシャーディング+レプリケーション型が「NewSQL」

図　分散データベースのアーキテクチャー

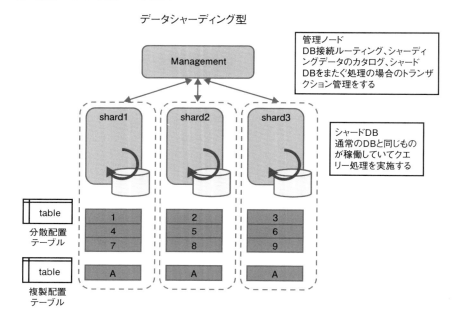

は一定のオーバーヘッドが必要になります。そのため通常のRDBと厳密に比較すると遅くなります。通常のトランザクション処理ではあまり問題にならないはずですが、扱うデータ量が多いバッチ的な処理の場合、コンピュートとストレージ間連携のオーバーヘッドが累積することで遅延が目立つことになります。この点は注意する必要があります。

　分散DBは新たな製品の発表が相次ぎ高い注目を集めていますが、アーキテクチャー特性を踏まえて自分たちのアプリケーションの利用がフィットするかを最初に確認する必要があります。オンライン専業企業ではなく、リアルビジネス企業にはトランザクションデータを横断的に扱う処理やバッチ的な処理が必要なケースが多数存在する場合があります。採用を検討する場合、DB基盤の動作検証だけでなく、アプリケーション利用シーンを想定したPoC（概念検証）を実施

4-1 RDBとNoSQLの長所を融合、次世代データベースNewSQL

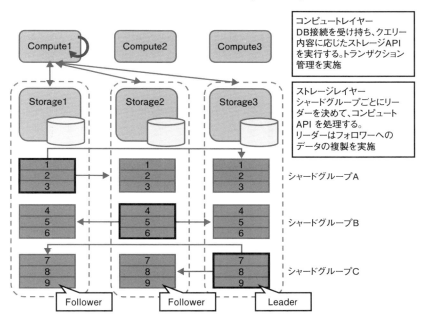

するのが重要です。

着目すべきNewSQLの高可用性

　分散DBは性能の拡張を可能にしますが、実際のシステム開発の現場で通常の RDB構成以上の拡張性が要求されるのはかなりの大規模システムに限られます。そこまでの規模でなくても、NewSQLに着目すべきもう1つの強力な特徴があります。

　NewSQLは分散合意アルゴリズムによるデータレプリケーションを利用していることから、RDBの課題である「無停止でサーバー切り替えができない」という課題に対応できます。NewSQLでは1台のサーバーをを停止するとそこで管

143

大手クラウドベンダーから独立系まで扱う

表　主な分散データベース

分散DB タイプ	製品	開発元	準拠するクエリー仕様	クラウドマネージドサービスの提供	オンプレミスの利用
データシャーディング型	Amazon Aurora PostgreSQL Limitless Database	米 Amazon Web Services	PostgreSQL	Amazon Web Services（AWS）	
	Elastic Clusters in Azure Database for PostgreSQL（Preview）	米 Microsoft	PostgreSQL	Microsoft Azure	
	Oracle Sharding	米 Oracle	Oracle	Oracle Cloud Infrastructure（OCI）	
データシャーディング ＋レプリケーション型（NewSQL）	Cloud Spanner	米 Google	PostgreSQL、GoogleSQL	Google Cloud	
	Amazon Aurora DSQL	米 Amzon Web Services	PostgreSQL	Amazon Web Services（AWS）	
	Oracle Globally Distributed Database	米 Oracle	Oracle	Oracle Cloud Infrastructure（OCI）	
	TiDB	PingCAP	MySQL	AWS、Google Cloud	○
	YugabyteDB	米 Yugabyte	PostgreSQL	AWS、Google Cloud、Azure	○
	Cockroach DB	米 Cockroach Labs	PostgreSQL	AWS、Google Cloud、Azure	○

理していたデータは別のサーバーに切り替えてレプリケーションを継続します。この動作を利用してローリングでサーバーを切り替えることでサービスを停止することなく、サーバー切り替えが可能です。運用の手間を大きく削減できます。

　分散DBサーバーを別リージョンに配置して構成することもできます。この構成を利用してリージョン間でActive-Active構成を取れます。データレプリケーションではリージョン間通信による一定のレイテンシーはありますが、この制約

無停止でサーバーを切り替える

図　ローリング稼働とActive-Active構成

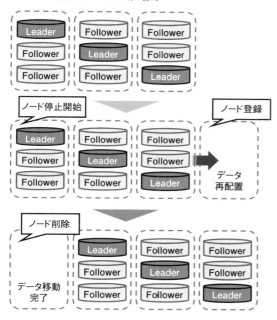

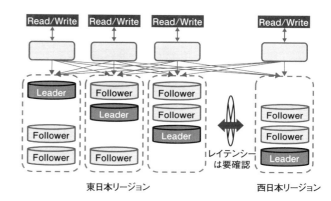

がクリアできるなら非常に高い可用性を実現できます。

　リージョン間の高可用性は主に災害対策などの用途で選択されます。RDBでは必ずActive-Standbyになるため Activeサーバーの切り替えを実施する必要があり、さらにはDBを利用するアプリケーション（AP）サーバーの切り替えも必要になります。

　このActive-Standby構成を採用しているケースは多いですが、「実際の緊急時にスムーズに切り替えられる」ように維持するのは運用に大きな負担がかかります。どのようにテストをしていたとしても、構築メンバーが離脱した運用フェー

ズで本当に実行できるかは自信が持てなくなることもあります。

　Active-Active 構成では常に稼働しているため、DB や AP サーバーの切り替えが不要になります。東日本で災害が発生しても、西日本では問題なく稼働し続けるという仕様は、ビジネス継続計画（BCP）として強力な構成と言えます。NewSQL のもつ高可用性は、今後ますます着目されると考えています。

第 4 章　NewSQL

4-2

NewSQLを用いて実践
大規模アプリにおける設計と運用

　NewSQL の選定・運用において、計算リソースとストレージの 2 軸でトータル
コストの最適化を図ることが肝要となります。

　以下では NewSQL に合うユースケースの 1 つであり、筆者（編集部注：ディー・
エヌ・エーの竹村伸太郎シニア機械学習エンジニア）が知見を持つ大規模なオン
ラインゲームアプリを例に挙げて説明します。技術的な内容については、大規模
な Web サービスや IoT（インターネット・オブ・シングズ）などでも同様のこ
とが言えます。

NewSQLのユースケースと選定ポイント

　計算リソースに関して、ユーザー数が数百万～千万人以上の規模になり得るオ
ンラインゲームにおいて初動のトラフィックを予測するのは難しく、またリリー
ス直後のシステム障害は致命的な機会損失になり得ます。

　そしてプロダクトの成熟期においては、平常時は計算リソースコストを抑えつ
つも、イベント時のユーザー体験は決して損なわれないよう、スパイクが見込ま
れるイベント開始時間前に暖機運転するといった機動的な運用が求められます。
このような背景から、スケールアップ／ダウンが容易な NewSQL の特性は、機
能面・コスト面双方でゲーム用途にマッチしていると言えます。

　一方、見落されがちなのがストレージです。一般的なオンラインサービスが、
たとえ長期間ログインしていなかったとしてもユーザー資格は維持されているよ
うに、ゲームにおいてもユーザーデータが削除されることはまれです。機能の追
加やコンテンツの更新に伴い、マスターデータも同様に増え続けます。そのため

148

ストレージ消費量は単調増加

図　オンラインゲームのOLTP（Online Transaction Processing）データベースにおける計算リソースとストレージの利用傾向

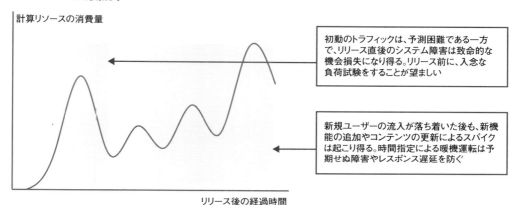

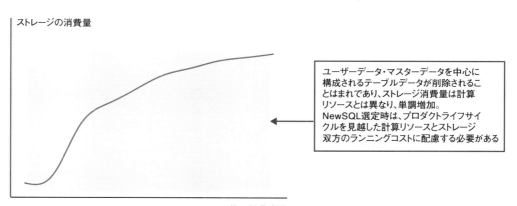

　ストレージに保存するデータ量は、サービスの成熟とともに増加速度は下がるものの総量としては増え続けます。

　そしてデータベース（DB）性能や品質はコストとのトレードオフ関係にあります。例えば米Google（グーグル）の「Cloud Spanner」はリージョン構成（1リージョン構成）では99.99％、マルチリージョン構成では99.999％の可用性がSLA

（Service Level Agreement）として設定されています。

この高可用性の裏には複数のゾーンやリージョンをまたがった冗長化があり、冗長化はストレージへの要求ハードルを上げる一因となります。正確にコストを算出するには、秒間クエリ数や API（アプリケーション・プログラミング・インターフェース）といった機能要件を定義し、採用候補となる DB 上でその機能要件を満たすように負荷試験をするのが最も確実です。さらに負荷試験によってボトルネックを事前に洗い出すことは、本番での安定稼働にもつながります。

NewSQLでのHTAPアーキテクチャー

NewSQL でのストレージコストに関連して検討すべき点に、分析ニーズをどこで満たすかが挙げられます。オンラインゲームを例にとると、ユーザー行動などのログを蓄積して分析、ゲームの改善に生かすのがサービスとしての魅力を維持、改善する重要な業務になっています。他のユースケースでも同様に OLTP と分析を両方実行したいというニーズは頻繁に出てきます。

近年はハイブリッド・トランザクション・アナリティカル・プロセッシング (HTAP) と呼ぶ OLTP と OLAP（Online Analytical Processing）のワークロードを同じアーキテクチャーで処理できる NewSQL も出てきています。

しかし大規模アプリにおいて、OLAP で扱うユーザーログは一般に OLTP で扱うデータよりはるかに大きなものとなります。こうしたログデータを単価が高い NewSQL で扱うかについては、コストパフォーマンスが合うか検討が必要です。

「Google BigQuery」や「Amazon Redshift Serverless」が OLAP 用途として選ばれる理由の 1 つには、「Cloud Storage」や「Amazon Simple Storage Service（S3）」といったデータ量あたりの単価が低い分散ストレージを直接参照できる強みがあります。HTAP を検討する際は、ストレージのランニングコストを意識してストレージコストの低いデータウエアハウス（DWH）と組み合わせたアーキテクチャーを検討するとよいでしょう。

NewSQLでのDB設計のポイント

　大規模運用時におけるリレーショナルデータベース（RDB）のペインポイントは、NewSQLへの移行で解消が期待できるでしょう。ただしクライアント側からは1つの論理的なテーブルに見えても、内部では分散処理された複数のコンピュートノードが動いていることを忘れてはなりません。分散処理による恩恵を最大化させるには、一部のノードに計算負荷が偏らないよう、適切にDBを設計する必要があります。

　オンラインゲームをはじめとした高頻度軽量トランザクション処理で利用されるDBとして多くの採用実績があるMySQLで使えるストレージエンジンの「InnoDB（MySQL InnoDB）」とNewSQLであるSpannerを例に取り、DB設計における課題と施策を解説します。

拡張性維持方式設計

　MySQL InnoDBにおいて、スループットを最大化し拡張性を担保する技術として、パーティショニングとシャーディングがあり、大規模運用においては双方とも避けて通れません。前者のパーティショニングは、MySQL 5.1以降でネイティ

一部のノードに計算負荷が偏らないよう適切にDBを設計
表 MySQL InnoDBとCloud Spannerで異なるDB設計上の施策

カテゴリー	課題	MySQL InnoDB における施策	Cloud Spanner における施策
拡張性維持方式設計	スケールアウトによる負荷分散	パーティショニングとシャーディングの併用	原則不要（自動シャーディング機能に任せる）
無停止運用方式設計	ダウンタイムの最小化	ブルー／グリーンデプロイの導入	原則不要（ダウンタイムなしでスキーマ変更）
キー設計	主キーの適切な定義	型は自由だがPARTITIONING KEYの存在を考慮	ホットスポット回避のため原則UUID使用
低レイテンシー維持方式設計	クライアント側のDB制御最適化	マスターDBとリードレプリカの使い分け	トランザクションやクエリータイプの使い分け

ブにサポートされる機能です。パーティション化されたテーブルは、主キーや外部キーに関する制約を除いて通常のテーブルと等しく扱えます。

それに対し後者のシャーディングは、行（レコード）あるいは列（カラム）を基準にテーブルを水平・垂直方向に分割し、複数の DB で分散処理するものです。挿入時のデータの割り振りから、参照時のシャードをまたぐテーブル結合まで、多くの仕組みを自前で開発・保守する必要があります。

そして誤ったシャーディングアーキテクチャーの採用は、負荷対策にならないどころか、データが消失する危険さえ生じます。MySQL InnoDB ではこのシャーディングアーキテクチャーの設計の難しさや、開発・保守における生産性が課題でした。

一方 NewSQL は、自動シャーディング機能（Spanner ではスプリット分割と呼ぶ）がネイティブでサポートされるため、拡張性の担保に多大な労力を費やすことなく DB を設計できます。

無停止運用方式設計

RDB の大規模運用ならではの悩みの種として、スキーマ変更やインデックス生成といったメンテナンスに伴うダウンタイムが挙げられます。このダウンタイムの解決策として、元の本番環境（ブルー）とは別に新しい本番環境（グリーン）を構築した上でエンドポイントを変えるブルー／グリーンデプロイという手法があります。公式にサポートするマネージド DB として「Amazon RDS」が挙げられます。

しかしブルー／グリーンデプロイにおけるレプリケーションは、一般に DB 操作を制約します。例えばテーブルの最後に新しいカラムを追加することや、インデックスを変更するといったインクリメンタルな操作は許容されますが、カラム・テーブルの削除やカラム名・テーブル名の変更といった破壊的操作はレプリケーション時に制限されます。

そして破壊的な操作を避けながらの機能改修は、やがてバージョンを追うごとにテーブルが増殖、SQL アンチパターンでいうメタデータトリブル（メタデータ大増殖）を誘発します。それは、高い頻度でアップデートしながらサービスを成長させるオンラインゲームなどの NewSQL のユースケースでは大きな技術負債を負うことにつながりかねません。

一方 Spanner におけるスキーマやインデックス変更は、バックグラウンドで分散処理されるため、メンテナンス都合の制約にとらわれることなく、柔軟に DB を設計できます。

キー設計

RDB と NewSQL における物理設計で扱いが大きく異なるのが主キーです。MySQL では、一意性を確保するために、AUTOINCREMENT 属性を持つ連番の整数カラムが主キーとして多用されます。またパーティション化されたテーブルでは、パーティションキーを含む複合主キーが一般的に使用されます。

一方 NewSQL において、主キーは一意であるだけではなく、シャーディングキーとしての側面を持ちます。そしてシャーディングキーの偏りは、ホットスポットと呼ばれる特定のコンピュートノードへの負荷の集中を引き起こし、パフォーマンスダウンの要因になります。そのため、主キーには UUID（Universally Unique Identifier）v4 や UUID v5 で生成された、36 桁の文字列を選択するのが王道とされています。

前者の UUID v4 は、予測困難なランダム値を生成するもので、例えばユーザー ID を NewSQL 用の識別子として求める場合に適しています。後者の UUID v5 は、同一の入力値に対して一貫して同じ結果を出力するもので、システム間で共通する識別子を求める場合に適しています。

例えば RDB から NewSQL へのマイグレーションにおいて、RDB 側の主キーが連番の整数 ID かつ、外部キーとして他のテーブルから参照されるケースを想

定してみましょう。このとき、スキーマを変えずに連番の整数IDのまま
NewSQLにマイグレーションすることは、分散処理の観点で望ましくありません。

　しかし主キーをUUID v4でランダムに生成すると、今度はマイグレーション
のたびに値が変わるため、元の識別子を外部キーとして扱う参照元のテーブルに
おいて不整合が生じます。一方、UUID v5であれば「名前」と「名前空間」の
文字列ペアを入力として扱えるため、名前をRDBの連番IDに、キー名称を名
前空間とすることで、NewSQL側の主キーを一意に求めることができ、参照元
のテーブルにおいても整合性を保ったままマイグレーションができます。

　主キーの選択においては、アプリケーションからの参照容易性や開発生産性の
高いキー選定をするのと同時に、ホットスポットを避けるため、NewSQLアー
キテクチャーを前提とした物理設計も両立させる必要があります。この点は
NewSQLの難度が高いように感じられるかもしれませんが、RDBを選択して
シャーディングするアーキテクチャーの場合でも同様の考慮をすることになりま
す。DBで性能を高めるには必要な設計ポイントです。

低レイテンシー維持方式設計

　RDBと同様に、NewSQLにおいて最適なトランザクションやクエリーを選択
することは、ロック競合の軽減、そしてレイテンシーの軽減＝最適化につながり
ます。例えばMySQLにおいて、最新にもかかわらず古いデータを許容する読み
取りについては、マスターDBではなくリードレプリカを参照することでレイテ
ンシーの軽減が期待できます。Spannerにおいて古いデータ参照はステイル読み
取り（過去のある時点のデータの読み取り）に相当し、n秒前のデータまで許容
するかを指すステイルネスの値として15秒が効果的とされています。

　SpannerのDB操作におけるトランザクションとクエリー、APIの選択肢につ
いて説明します。最適化の観点からは、可能な限りステイル読み取りや読み取り
専用トランザクションの比率を高めるようにDBを設計するのが望ましいと言え
ます。具体的には、不変もしくは更新頻度の低い情報をマスターテーブルに、逆

4-2 NewSQLを用いて実践、大規模アプリにおける設計と運用

読み取り専用トランザクションが全体に占める割合が増えるように設計

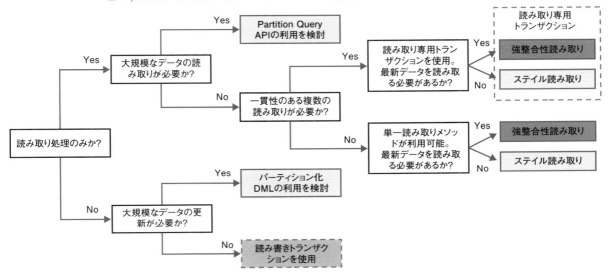

図 Spannerにおけるトランザクションとクエリー、APIの選択肢

API：アプリケーション・プログラミング・インターフェース　DML：Data Manipulation Language、データ操作言語

に更新頻度の高い情報をトランザクションテーブルに分離することで、トランザクションやクエリータイプの選択肢を広げられます。

BigQueryからSpannerへの連携など、大量のデータの入出力が伴う場合は、Partition Query APIやパーティション化DML（Data Manipulation Language、データ操作言語）の利用を検討することが最適化につながります。

第5章

データベース信頼性エンジニアリング（DBRE）

5-1　高い開発生産性を実現する
　　　プラクティスの基礎知識 ……………………………… 158

5-2　DBRE エンジニアが
　　　高速開発に果たす主な責任と役割 ………………………… 168

5-3　DBRE エンジニアになるには
　　　実例を踏まえた DBRE 実践方法 ………………………… 180

5-1

高い開発生産性を実現する
プラクティスの基礎知識

　クラウドと AI（人工知能）はデータベース管理者（Database Administrator、DBA）の業務の効率化に大きく寄与しています。しかし DBA の業務スタイルを変えない状態のままだと、単に作業量が少なくなってコストを削減するだけで終わってしまいます。あるべき理想の姿は開発生産性の向上とシステム開発の高速化につなげ、事業変革の成果を得ることです。

　一方で DBA の業務効率化が開発生産性の向上とシステム開発の高速化につながりにくい現実があります。アプリケーション開発の領域がソフトウエアエンジニアリングの発展によって自動化や高速化が進んでいるのに対し、従来の DBA の業務が管理や慎重さを重視しすぎていたためです。

　第 5 章では、DBA を DBRE（Database Reliability Engineering、データベース信頼性エンジニアリング）を実践するエンジニア（DBRE エンジニア）に変えることによって高い信頼性と開発生産性向上を両立させる取り組みを説明します。

DBREの定義と目的

　DBRE は SRE（Site Reliability Engineering、サイト信頼性エンジニアリング）の考え方を DB 領域に適用したものです。SRE は、サービスの信頼性向上と開発生産性向上の両立を目的とし、次のような取り組みを行います。

・SLO の定義とモニタリング
　サービスの信頼性を評価し管理するために、サービスレベル目標（Service Level Objective、SLO）を設定し、これを継続的に監視します。例えばシステム稼働率の SLO を 99.9％とした場合、年間で許容される停止時間は約 8 時間 45 分

SLOを継続的に監視

図　SLO定義とエラーバジェット管理のイメージ

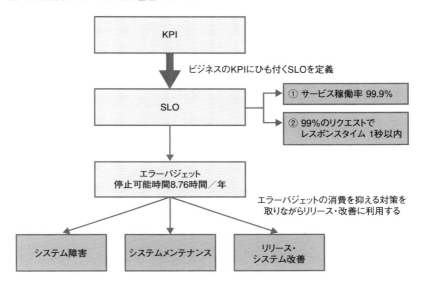

KPI: Key Performance Indicator　SLO: Service Level Objective

です。これを99.99％に引き上げると、許容停止時間は約53分に縮まります。

・エラーバジェットの活用

　エラーバジェットは、一定期間内で許容される最大のダウンタイム時間を指し、設定したSLOによって自動的に決まります。例えばシステム稼働率99.9％のSLOにおける年間のエラーバジェットは約8時間45分となります。この時間には、障害による停止だけでなく、メンテナンスやアップデートによる停止も含まれます。

　エラーバジェットの特徴は、「障害対応」と「リリースに伴う停止」を共通の「予算」として管理する点にあります。従来のように停止時間をただ最小化するのではなく、エラーバジェットを活用して新機能のリリースやシステムの改善を積極的に進めます。これは、サービスの信頼性向上と開発生産性向上の両立を目指すSREの考え方を反映した概念といえます。

第5章　データベース信頼性エンジニアリング（DBRE）

・トイル（Toil）の削減

　繰り返し発生し、自動化が可能で、システムの成長に伴って作業量が増える性質を持つ手作業を「トイル（Toil)」と呼びます。トイルは「苦労」や「骨の折れる仕事」などを意味します。SREはソフトウエアを活用して運用作業を自動化し、トイルを削減することを重視します。たとえばDB運用においては、ユーザーの作成や権限付与をツール化する取り組みが挙げられます。トイルを減らすことで運用効率が向上し、チームはより価値の高い業務に集中できるようになります。

・ポストモーテム文化の醸成

　障害が発生した際に、原因や対応手順、再発防止策を振り返り、教訓を得る取り組みを「ポストモーテム」と呼びます。例えばインデックス不足が原因でDB負荷が増大した際、インデックスを追加して問題を解決したとします。この対応をドキュメント化してチームで共有することで知識の属人化を防ぎ、チーム全体でノウハウを蓄積できます。

　ポストモーテムの重要な特徴は「非難しない」点です。たとえ障害が個人のオペレーションミスに起因していても、個人を責めるのではなくプロセスやシステムに改善の余地があったと捉え、全体の運用プロセスの改善に重点を置きます。この取り組みを続けることで、サービスの信頼性を長期的に向上できます。

　以上を踏まえるとDBREとは、これらの活動を通じてDB領域におけるサービスの信頼性向上と開発生産性向上を同時に達成することを目的とした取り組みといえます。なお、SLOやエラーバジェットは基本的に「DB単位」ではなく、「サービス単位」で設定した値をSREと共通で使います。

DBREはプラクティス

　DBREの概念は2017年10月に発行された『Database Reliability Engineering』（Laine Campbell、Charity Majors 著、O'Reilly Media）で包括的に紹介されました。その後、クラウドの普及とデータ活用による事業変革ニーズの本格的な高ま

りを受けて、DBRE を導入済み、または導入を検討する企業が増えてきています。

DBRE は必ずしも具体的な職種として捉えたり、チームを設けたりする必要はありません。取り組み（プラクティス）・文化という側面があり、その文化をどのように組織に浸透させるかは、企業ごとき異なります。例えば筆者（編集部注：KINTO テクノロジーズ Principal DBRE Engineer の廣瀬真輝氏）が所属する企業には DBRE 専任チームが存在しますが、他の企業では SRE チームが DBRE チームを兼務するケースもあります。

DBRE を職種として捉えた場合、一般的には次のように認識されています。

・DBRE エンジニアは DBA が次に進むべき道、上級職
・DBA がデータベースエンジニアの「1.0」なら、DBRE は「2.0」
・DBRE エンジニアはシステムエンジニアリングの基礎の上に、データ専門のドメイン知識を身につけた職種

以上を踏まえると、職種としての DBRE エンジニアは、DBA とエンジニアリングの両スキルを兼ね備えた DBA の発展形と位置付けられます。以降では、DBRE の普及が国内外で進んでいる理由とその背景について解説します。

DBREの普及が進む3つの背景

DBRE の普及が進む背景には、主に 3 つの観点があります。

・クラウドの普及による DBA 職務のオフロード
・DB の多様化・複雑化によるアーキテクト需要の高まり
・DevOps の実践における DB 知識の必要性

それぞれについて詳しく説明します。

クラウドの普及によるDBA職務のオフロード

1つは、システム開発の現場でクラウドの活用が進み、従来 DBA が担っていた多くの職務をクラウド事業者にオフロードできるようになった点です。つまり、クラウド環境下では、従来型の DBA の仕事は急速になくなりつつあるのです。

DBRE エンジニアは、データを守ることが DB のプロフェッショナルとしての最優先事項とされています。この重要性はオンプレミスでもクラウドでも変わりません。しかし、クラウド事業者が提供するマネージドなデータベースサービス（データベース・アズ・ア・サービス、DBaaS）などを利用することで、バックアップとリストア、高冗長化ストレージの運用などを通じた高可用性の達成、自動パッチの適用によるセキュリティー対策など、重要な作業の多くをクラウド事業者側に任せられるようになりました。

クラウド事業者にオフロード
図　オンプレミスとクラウド（DBaaS）の管理項目の比較

オンプレミス	DBaaS	
アプリケーション最適化	アプリケーション最適化	ユーザー管理
スケーラビリティー	スケーラビリティー	クラウド事業者管理
高可用性	高可用性	
バックアップ・リストア	バックアップ・リストア	
DB パッチ適用	DB パッチ適用	
DB インストール	DB インストール	
OS パッチ適用	OS パッチ適用	
OS インストール	OS インストール	
サーバーメンテナンス	サーバーメンテナンス	
電源/ネットワーク/空調	電源/ネットワーク/空調	

この動きはさらに加速しています。例えば米 Amazon Web Services（アマゾン・ウェブ・サービス、AWS）の「Amazon Web Services（AWS）」では、2024 年 12 月時点で SLO の設定と監視が可能で、さらに SLO 違反時には DB 負荷の原因となる SQL の特定や、各種 DB メトリクスの詳細確認といったドリルダウンまで、一貫して AWS 内で対応できるようになっています。

これにより、DBA としての職務だけでなく、DBRE エンジニアとして求められる活動も、クラウド事業者が提供する機能を活用することで効率よくできるようになっています。従来の DBA が担っていた職務がオフロードされることで、DB のテーブル設計や性能管理、標準化など、より付加価値の高いタスクに時間を費やせるようになりました。

DBの多様化・複雑化によるアーキテクト需要の高まり

2 つ目は DB が多様化・複雑化する中で、特定の DB に特化したスキルや経験に加え、ユースケースに応じた DB を適切に選定・構成できるアーキテクト的な視点が求められている点です。

まず DB の多様化から見ていきます。DB 製品は従来のリレーショナルデータベース（RDB）、NoSQL、そして近年普及が進む NewSQL の 3 種類に大別されます。ここでは、NoSQL と NewSQL について DBRE の視点から概要を説明します。

NoSQL は、RDB とは異なるデータ管理手法を提供する DB の総称です。画像、音声、テキストなどの非構造化データや、XML や JSON などの半構造化データを扱えます。特定のユースケースでは RDB を上回るパフォーマンスや柔軟性を発揮するのが特徴です。

ただし、NoSQL 特有の側面に注意が必要な場合があります。RDB では正規化したテーブルを基に後から柔軟に SQL を記述できますが、NoSQL ではクエリーを含めた事前設計が重要な場合があり、これを怠ると十分なパフォーマンスが得

第 5 章　データベース信頼性エンジニアリング（DBRE）

ユースケースに応じて適切に選定
表 RDB、NoSQL、NewSQL の比較

	RDB	NoSQL	NewSQL
データモデル	構造化データ	非構造化・半構造化データ	構造化データ
クエリー方式	SQL	専用の API や言語（例：DynamoDB 用の PartiQL）	SQL
開発の柔軟さ	柔軟なクエリー作成が可能だが、テーブル定義の変更時に考慮が必要な場合もある（非オンライン DDL によるロックや、一時的な DB 負荷増大など）	スキーマレスで柔軟なデータ投入が可能な製品も多いが、パフォーマンス向上のために作成可能なクエリーが限定される場合もある	柔軟なクエリー作成が可能で、テーブル定義の変更時のリスクも比較的小さい
整合性	ACID 特性による強い整合性	製品による（結果整合性を基本とするものや、強い整合性を選択可能なものもある）	ACID 特性による強い整合性
スケール方針	スケールアップと、目的に応じたスケールアウト（Read のスケールならレプリケーション、Write のスケールならシャーディングなど）	スケールアウト	スケールアウト
パフォーマンス特性	高速なクエリー応答。ただしスケールアウトはシャーディングなど管理が難しい場合がある	適切なユースケースで高いパフォーマンス	高いスループットを出せるが、単体クエリーは RDB より遅い傾向がある
製品／サービス例	Oracle Database、MySQL、PostgreSQL、SQL Server	Amazon DynamoDB、Neo4j	Google Cloud Spanner、TiDB、CockroachDB

※これは一般論で例外も存在する。例えば RDB や NewSQL でも JSON 形式をサポートする場合がある

られなかったり、クエリー変更が困難になったりするケースがあります。

　グラフ構造を扱うのに特化したグラフ DB、スケーリングに優れた Key-Value Store など、それぞれのデータ構造と得意なユースケースを理解して適切に DB を選定することが重要です。NoSQL の DB 製品としては、例えばキーバリューDB の「Amazon DynamoDB」やグラフ DB の「Neo4j」などが挙げられます。

　NewSQL は、RDB がもつトランザクションや SQL サポートなどの機能を維持しつつ、RDB が苦手とした拡張性（スケーラビリティー）の獲得を目指して開

発されており、ここ数年で本番環境への導入やRDBからの移行事例が増えています。NewSQLの特徴として、複数のマシンによる分散処理で高いスケーラビリティーを実現しており、大量のリクエストを高速で処理できる点が挙げられます。一部の製品ではオンラインDDL（Data Definition Language、データ定義言語）やオンラインアップデートなど、運用をサポートする機能を備えている場合もあります。

ただし、NewSQLはRDBの完全な上位互換ではありません。内部のアーキテクチャーが複雑なため、単体のSQLクエリーに着目すると、レイテンシーがRDBに比べて高くなりやすいデメリットもあります。NewSQLのDB製品としては、例えば米グーグル（Google）の「Cloud Spanner」やPingCAPの「TiDB」などが挙げられます。

現在では、1種類のDBを使うのではなく、ユースケースに応じて複数のDBを使い分けるのが主流になりつつあります。例えば整合性が重要な決済処理には従来のRDBを使用し、高い読み取り性能が求められる人気商品の商品詳細ページには、Amazon DynamoDBや「Amazon ElastiCache（Redis、Memcached互換）」のようなNoSQLを活用するといったケースが一般的です。

ワークロードの特性によっては熟練のDBAがチューニングしたRDBよりも、クラウド事業者がマネージドサービスとして提供するNoSQL製品の方が高い性能を発揮する場合もあります。RDBは全てのDBの基礎となる重要な存在であり続けますが、1つのDBに固執することなく、様々なDBを柔軟に組み合わせて信頼性と性能を高めていくことが求められています。

DBREエンジニアは、DB製品の特性に精通し、データモデルへの知見やデータ設計のスキルを生かして最適化する専門性の高い業務を担います。各DBの適用可能性を検証するPoC（概念実証）を実施できるスキルも今後ますます重要になると考えられます。

DBの複雑化の例としては、進化が続くデータウエアハウス（DWH）が挙げられます。DWH は可視化や AI プラットフォームとの連携などの機能が追加され、より高度な基盤に進化しつつあります。DB 機能の充実、周辺のデータマネジメント領域との統合・連携が進むことで、DBRE エンジニアには、DB 周辺領域のシステムコンポーネントを組み合わせるアーキテクトとしての役割が期待されるようになっています。

DevOpsの実践におけるDB知識の必要性

3つ目は、DevOps、SRE、Platform Engineering（プラットフォームエンジニアリング）といったエンジニアリングのプラクティスが普及する中で、その実践に DB 領域の知識が求められている点です。

DBRE の基盤となる SRE は「DevOps な状態」の実現、すなわちサービスの信頼性向上と開発生産性向上を同時に実現することを目指しています。DevOps の実現方法として近年注目されているプラットフォームエンジニアリングも DBRE と無関係ではありません。プラットフォームエンジニアリングとは、アプリケーションを開発するチームを自分たちの顧客とみなし、彼らの認知負荷を低減させるプラットフォームを開発・提供・運用する活動を指します。

SRE やプラットフォームエンジニアリングを実践する際は、DB 領域の知識が欠かせません。従来のインフラエンジニアの間でも「DB 領域」と「それ以外の領域」という担当分けがされるくらい、DB は専門性の高い領域であり、クラウド事業者が多くのマネージドサービスを提供している現在でも、その専門性が重要である点に変わりはありません。

5-2

DBRE エンジニアが
高速開発に果たす主な責任と役割

　DBRE（Database Reliability Engineering、データベース信頼性エンジニアリング）はクラウドと AI（人工知能）を高い開発生産性につなげるための重要なプラクティスです。以下では、DBRE エンジニアが高速な開発プロセスにおいて果たす主な責任と役割について、DBRE と関係の深い SRE（Site Reliability Engineering、サイト信頼性エンジニアリング）とプラットフォームエンジニアリング（Platform Engineering）との関係性をひも解きながら説明した上で、その実践方法を解説します。

SREとプラットフォームエンジニアリング誕生の背景から見る関係性

　SRE とプラットフォームエンジニアリングの誕生背景について、順を追って説明します。

DBREの基となるSREの誕生

　従来の組織は、開発チームと運用チームが分かれていました。この体制では、新機能を迅速にリリースしたい開発チームと、システム稼働率を優先して慎重にリリースを進めたい運用チームとの間に対立構造が生まれてしまいます。

　この課題を解決するために生まれたのが「DevOps」です。DevOps は、頻繁なリリースと高いシステム稼働率という、以前は相反していた両者を同時に達成することを目指す組織文化を指します。

　技術的側面における具体的な手法としては、CI ／ CD（継続的インテグレーション／継続的デリバリー、デプロイメント）パイプラインの整理によるテストやデプロイの自動化、インフラのコード化（インフラストラクチャー・アズ・コード、

IaC）による一貫性のあるインフラ管理などが挙げられます。

その後、サービスの数や規模が拡大する中で、手動による運用作業に限界が見え始め、ソフトウエアエンジニアの視点でシステム運用を改善する新たなアプローチが求められるようになりました。

このような背景から、DevOps の実践方法として誕生したのが SRE です。SRE はシステム稼働率の維持向上を主な目的とし、リリース頻度を保ちながら信頼性を高める役割を担います。従来の運用チームに近い機能を持ちながらも、エンジニアリングの手法で運用を最適化する点が特徴です。

プラットフォームエンジニアリングの登場とSRE／DBRE

さらなるサービス規模の拡大に伴い、従来のモノリシックなアーキテクチャーでは限界を迎える企業が増えてきたことから、マイクロサービスアーキテクチャーが登場します。このアーキテクチャーでは、1 つのサービスを複数の小規模サービスに分割し、API（アプリケーション・プログラミング・インターフェース）で連携させます。

マイクコサービスアーキテクチャーでは、各サービスをアプリケーションエンジニア、SRE、QA（Quality Assurance、品質保証）エンジニアなどで構成する最大 10 人程度の小規模なチームで開発から運用まで一貫して担当します。

このチームについて同分野のバイブル的な書籍である『Team Topologies：Organizing Business and Technology Teams for Fast Flow』（Matthew Skelton、Manuel Pais 著、IT Revolution Press、翻訳版は日本能率協会マネジメントセンター）では「ストリームアラインドチーム」と定義しています。マイクロサービス化することで各サービスが疎結合となり、障害の影響を最小化し、サービスごとにスケーリングが可能になるなどのメリットを享受できるようになりました。

一方で、ストリームアラインドチームごとに類似した仕組みを構築する「車輪の再発明」や、1チームで多岐にわたる技術領域をカバーする必要があることから、技術的な「認知負荷」の増加という課題が生まれました。

ここで課題とする認知負荷は、2種類に分類されます。1つは、難解な技術の習得や社内の複雑なセキュリティー要件の適用といった「専門知識の学習における負荷」です。もう1つは、ドキュメントがまとまっていなかったり、無関係なアラートの頻発など「非効率な作業環境から生じる負荷」です。

これらを解決するために登場したのがプラットフォームエンジニアリングです。プラットフォームエンジニアリングは、アプリケーションの開発・運用の負荷を低くすることを目的にした活動です。具体的には、ストリームアラインドチームの認知負荷を低減するためのツールやテンプレートを開発し、プロダクトとして提供します。

例えば、CI ／ CD パイプラインの構築やモニタリング設定、セキュリティー対応を含んだデプロイ用テンプレートを提供することで、ストリームアラインドチームはビジネスドメインの開発に専念しやすくなります。もっとシンプルに、各チームの特定の作業に関する標準化された手順書を提供するだけでも、認知負荷の軽減が可能であればプラットフォームと解釈できます。これらは利用を強制するものではなく、各チームが必要に応じて採用する柔軟性が特徴です。

SRE が SLI（サービスレベル指標）／ SLO（サービスレベル目標）を通じてシステムの信頼性の維持向上を目指すのに対し、プラットフォームエンジニアリングは、各チームの認知負荷を低減するためのプロダクトを開発・運用することで DORA（DevOps Research and Assessments）メトリクス（ソフトウエア開発のパフォーマンスを測定する代表的な指標）の改善を目指します。

DBRE はもともと「DB 領域に特化した SRE」との位置付けで誕生しましたが、筆者は「DB に特化した DevOps の実践」という文脈から、補完的にプラットフォー

DBに特化したDevOpsを実践

図　DevOps、SRE、プラットフォームエンジニアリングとDBREの関係性

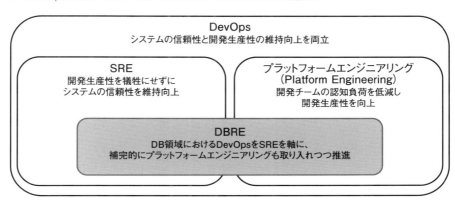

ムエンジニアリングのアプローチを取り入れ、DBに関する認知負荷を低減しながら開発生産性を向上させる役割も重要になってきていると考えています。ただし、SREの哲学に基づきDBの信頼性を維持向上させるのがDBREの最重要課題である点に変わりはありません。

他の職種との比較で理解するDBREエンジニアの位置付け

DBREエンジニアは、DBA、SREエンジニア、プラットフォームエンジニアと役割が一部重なりますが、違いもあります。以下では、これらの役割及び共通点と違いを説明します。

DBAとDBRE

DBAはDBの管理を専門とし、データストアの「門番」の役割を担います。DBに関する深い知識と経験を生かし、レビューやリリース作業、パフォーマンスチューニングをDBA自身で担当するのが一般的です。DBへの設定変更やテーブル作成・変更などのリリース作業は、DBへの知見が浅いと障害発生のリスクが高まります。そのためDBAがリリースを担当することで安全性が担保でき、サービスの信頼性向上に貢献します。

目標は DB 領域の信頼性と開発生産性の維持向上

表　DBAとDBREの特徴比較

	DBA	DBRE エンジニア
目標	DB 領域の信頼性の維持向上	DB領域の信頼性と開発生産性の維持向上（DB 領域での DevOps 推進）
スキルセット	DB の専門知識や運用スキルを重視	エンジニアリングスキルを併せ持つことを重視
行動指針	安全性を優先し、作業を直接担当	開発チームによる自律的な運用を重視し、ツール開発やナレッジ共有で支援
課題へのアプローチ	フルマネージド（課題を巻き取り DBA が解決）	セルフサービス（開発チーム自身で課題解決できるようにツールの整理や調査の伴走を実施）
リスク	DBA 依存が進むと、全体の開発生産性が低下する懸念	運用などを開発チームへ「丸投げ」するような実態になると、DB の信頼性が低下する懸念

　ただし、DBA に依存しすぎると組織の規模が拡大した際、リクエストが DBA に集中してボトルネックとなり、全体の開発生産性が低下する懸念があります。このように、DBA は高度な専門性を生かして DB に関する信頼性の維持向上には責任を持ちつつも、場合によっては組織の開発生産性が犠牲になったり、頻繁な障害対応などにより DBA 自体が疲弊してしまう懸念もあります。

　これに対し、DBRE エンジニアは DBA と同様に DB の信頼性維持向上を重要な使命としつつ、開発チームが自律的かつ安全に DB 開発や運用、リリースができるよう支援することに重点を置きます。具体的には、リリース手順を整理したり、よくある DB 運用をツール化して提供することなどが考えられます。障害対応にも積極的に取り組みます。その過程や原因をドキュメント化して開発チームに共有することで、チームが自律的に障害調査を実施できる力の育成を目指します。

　ただし、ツールやドキュメントの提供だけでは不十分で、開発チームへの「丸投げ」にならないよう注意が必要です。開発チームと協力する姿勢を持ち、DB の信頼性に対する強い責任感を DBA と同様に持つことが求められます。DBA も DBRE も、それぞれの特長を生かしながら、組織全体のニーズに応じた役割

を果たすことが望まれます。

SREエンジニアとDBREエンジニア

SRE は DBRE を包含すると考えられ、そのエンジニアも同様です。そのため、SRE エンジニアの DB に関する活動はすべて DBRE エンジニアがカバーする領域と言えます。ただし、DB の障害調査やパフォーマンスチューニングは高度な専門知識を必要とする場合が多いため、DBRE エンジニアという専門職を設ける企業もあります。

この場合、DBRE エンジニアは DB に特化したインシデント対応やポストモーテムを担当し、必要に応じて SRE エンジニアと連携して問題解決に当たります。例えばエラーが多発している際に SRE がロック競合の頻発を特定した場合、その原因をクエリレベルで詳細に調査するのは DBRE エンジニアが担当するといった役割分担が考えられます。

プラットフォームエンジニアとDBREエンジニア

プラットフォームエンジニアは、ストリームアラインドチームの認知負荷を軽減し、開発生産性を向上させるためのプラットフォームを提供します。一方、DBRE エンジニアは DB 領域に特化した知識を生かして独自のプラットフォームを構築するか、プラットフォームエンジニアと協力して開発を行います。

例えばテーブルの作成・変更やデータ投入プロセスを標準化するためのプラットフォームの提供などが挙げられます。これにより、開発チームが効率的かつ安全に DB を操作できる環境を整えることが可能になります。

DBREの主な責任と役割

DBRE は、サービスの信頼性向上と開発生産性向上を同時に達成するために、DB レイヤーからの貢献について、優先順位をつけて実施することが求められます。具体的には、DB 運用を自動化するツールの開発や、インシデント対応、ポ

ストモーテムの実施などが挙げられます。

ストリームアラインドチームにDBに関する知識を共有し、組織全体のDBリテラシーを向上させることもDBREの重要な役割の1つです。クラウド環境では、バックアップや自動フェイルオーバー機能の提供など、本来はDBREが対応すべき事項の多くをクラウド事業者が担ってくれるため、DBREは「クラウドを活用してもなお達成されない点」に注力して活動します。

本書はパブリッククラウド環境を前提としていますが、DBREはオンプレミス環境やプライベートクラウド環境でも実践可能です。例えばバックアップやリカバリー戦略の策定は、どの環境でもDBREの重要な役割です。ただし、クラウド環境ではDBREの実践に必要な多くの機能があらかじめ提供されるため、DBRE活動を推進しやすいのはクラウド環境と言えるでしょう。

DBREを推進するためのアプローチ

組織にDBAがいる場合とそうでない場合、DBREに必要なスキルセットの獲得方法や実践方法を例示します。DBREを実践する上で必要なスキルの全てを、必ずしも個々人が身につける必要はなく、DBREに取り組むメンバー全員で獲得できていれば問題ありません。また、DBREを効果的に実践するために欠かせないマインドセットについても解説します。

組織にDBAがいる場合

経験豊富なDBAがいる場合、そのDBスキルと知識は大きな強みになります。この強みを生かしながら、エンジニアリングのスキルを徐々に習得していくことが理想的です。特に、DBAがDBREエンジニアの役割を担う場合、このプロセスは重要です。

ただし、DBのスペシャリストにとってエンジニアリングスキルの習得が負担になる場合も考えられます。DBの専門性をさらに深める方が組織にとって価値が

DBREを組織に応じて実践
図　3つのDBRE実践パターン

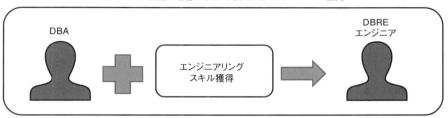

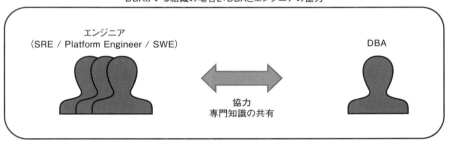

高い場合もあるでしょう。そのような場合は、「DBに関する経験値は高くないが、クラウドエンジニアリングの経験が豊富なソフトウエアエンジニア（SWE）」と協力してDBREを推進するのも有効な選択肢です。

　DBREの実践者がDBとエンジニアリングの両方のスキルを併せ持つことで、

IaC（インフラストラクチャー・アズ・コード）の活用、運用の自動化、ツールやプラットフォームの開発などを自らできるようになります。この場合でも、DBRE 活動を通じて DBA 自身がエンジニアリングスキルを高める意識を持つことが理想です。

SRE と連携して SLO のモニタリングやインシデント対応、トイル（繰り返し行う手作業）の削減に取り組むことで、信頼性エンジニアリングのノウハウを効率的に吸収できる可能性があります。さらに、組織にプラットフォームエンジニアがいる場合は、DB 関連のプラットフォーム開発に一緒に取り組むのも効果的です。

DBA から DBRE エンジニアに転向する際は、マインドセットの変化や新たなコンピテンシー（行動特性や価値観）の獲得を求められることがあります。受動的にトラブルや課題に対応するスタイルから、能動的に改善や変更を推進するスタイルへの移行です。

受身の仕事の仕方に慣れている場合は、難しく感じるかもしれません。クラウドセキュリティーの用語を借りれば、「ゲートキーパー型」のように変更やリリースを個別にレビューし、直接管理するアプローチから、「ガードレール型」のように安全な範囲やルールを設定し、逸脱を防ぐ仕組みを提供するアプローチへの転換といえます。

DB に関する深い知識は依然として重要ですが、それを自分たちだけで抱え込むのではなく、ストリームアラインドチームに積極的に共有し、チーム全体のリテラシーを向上させる方向へのシフトが期待されます。これにより、チームが自律的に DB 関連の課題に対応できる力を身につけることを目指します。

DBA と同様に「困ったときに頼れる存在」としてのリアクティブな役割に加え、課題やトラブルを未然に防ぐためのプロアクティブな取り組みを推進する役割も求められます。そのためには、周囲をうまく巻き込みながら改善を進めるリーダーシップが重要です。この 2 つの役割をバランスよく果たすことが、DBRE エンジ

ニアとしての重要な責務となります。

　新しいスキルやマインドセット、コンピテンシーの獲得は、困難で期間を要するものです。しかし、それはクラウドや AI（人工知能）が進化する中でも価値ある仕事をし続けるために必要な、意義のあるチャレンジだと筆者は考えています。

組織にDBAがいない場合

　組織に DBA がいない場合、SRE エンジニアが DBRE エンジニアの活動を兼務するのが一般的です。DB の領域でもモニタリングの設定や、ダウンタイムを最小化するデプロイ戦略の策定など、SRE エンジニアのスキルがそのまま活用できる場面が少なくありません。

　ただし、パフォーマンスチューニング、テーブル設計の評価、ミドルウエア特有のスループット低下（例：ロック競合）の原因調査など、データモデルや DB のアーキテクチャーに深く関わる業務では、SRE エンジニアだけでは対応が難しいケースがあるかもしれません。

　そのような場合は、DB 開発の経験が豊富なアプリケーションエンジニアとの協力や、社外の専門家（コンサルティング会社、クラウド事業者のサポート、ソリューションアーキテクトなど）に相談することで解決の糸口が見つかる可能性があります。

DBREの今後の展望

　クラウド環境では新機能が日々リリースされており、DBRE の実践に役立つ機能も拡充の一途を辿っています。そのため、クラウドを活用している企業では、自覚的でなくても SRE エンジニアやアプリケーション開発者が自然と DBRE を実践しているケースが増えていくと考えられます。

　しかし、DBRE エンジニアの役割や責務を明確にし、体系的に DBRE を実践

するためには、意識的に DBRE というプラクティスを組織に取り入れようとする意思が必要です。

　DBRE というプラクティスの認知が進むことで、まず「自分たちも実は DBRE を一部実践している」という気づきが生まれ、体系的に実践するための専任組織の設置やプラクティスの導入が、日本企業でも今後進んでいくと予想されます。

第5章 データベース信頼性エンジニアリング（DBRE）

5-3

DBREエンジニアになるには
実例を踏まえたDBRE実践方法

DBRE（Database Reliability Engineering、データベース信頼性エンジニアリング）についての解説の最後は、筆者（編集部注：KINTOテクノロジーズ Principal DBRE Engineer の廣瀬真輝氏）がDBREというプラクティスに出会った経緯と、その実践のなかで積み重ねてきた具体的な経験を紹介します。

DevOps に関する代表的な書籍『Effective DevOps』（Jennifer Davis、Ryn Daniels 著、O'Reilly Media）では、個々人の具体的なストーリーを通じて DevOps への理解を促すアプローチが取られています。以下ではこれにならい、まずは筆者自身のストーリーを共有し、そこから得られた知見をお伝えします。続いて、筆者が実際に取り組んでいる DBRE の活動内容や、活用している技術スタック、開発スタイルについて説明します。最後に、DBRE を実践するための最初の一歩として、どのようなことに取り組めばよいか、具体例を紹介します。

ストーリー：筆者がDBREとしてのキャリアを歩み始めた経緯

筆者は、EC サイト運営会社のエンジニアとして約 10 年間勤務した後、現在の会社に DBRE エンジニアとして転職しました。DBRE エンジニアとしてのキャリアはすでに 2 年が経過しています。

前職では、バックエンドエンジニアとして EC（電子商取引）サイトの機能開発や運用を担当する中で、DB に興味を持ち、SRE（Site Reliability Engineering、サイト信頼性エンジニアリング）組織に異動して DB の専門家を目指しました。主な業務は、DB に関するインシデント対応やクエリーチューニングなどです。当時は、複数台の RDB（SQL Server を利用）だけで、全リクエストを処理していました。

SQL Server は商用 DB ということもあり、早期から「Hash Join」や「Merge Join」、列ストアインデックスをサポートしており、HTAP（Hybrid Transactional ／ Analytical Processing）用の DB として利用できました。そのおかげで、「適材適所での DB の使い分け」を意識しなくても、長期的にサービスを支え続けられました。

当時、サービスのインフラは主にオンプレミスでしたが、徐々にクラウドへ移行し始めました。また、サービスの成長に伴い、さまざまなワークロード（HTAP 的な多様な読み取り、特定の領域への集中的な書き込みなど）が増大し、1 種類の DB で全てのワークロードにスケーラブルに対応することが難しくなっていきました。

工夫を凝らしながら課題を解決する日々が続きましたが、解決が困難な課題もありました。その課題は特定のワークロードをクラウド上の別の DB にオフロードすることで完全に解決されました。特定の RDB（SQL Server）のパフォーマンスを引き出すスキルには自信を持っていましたが、DB の多様化の流れに当時はついていけず、ユースケースごとに適した DB を使い分けることの重要性を痛感しました。

同時期に DBRE というプラクティスと出会い、DBRE の専任組織の立ち上げにも関わりました。しかし、クラウド環境での DB の開発・運用経験がほとんどなかったため、オンプレミス上の SQL Server に依存した従来の DBA 的な動きから脱却するのは容易ではありませんでした。当時は得意領域に固執していた部分もあったと思います。そのため、「このままでは、クラウドの運用・開発経験が豊富なエンジニア（SRE ／ SWE）に業務を奪われていく」という危機感を覚えました。

そこで、あえて自分の得意領域である SQL Server から離れ、クラウド環境を前提に DBRE にチャレンジできる環境へ転職し、DBRE を実践して 2 年が経過しました。最初は、既存ツールの改修など比較的シンプルな業務を通じて、コー

ディングや IaC（インフラストラクチャー・アズ・コード）の経験を積みながら、
少しずつエンジニアリングのスキルを高めていきました。

　当初はサーバーレスでコードを実行できる「AWS Lambda」による開発経験
すらなかったため、非常に高いハードルを感じていました。しかし、一度デプロ
イまで経験すると、思っていたほど難しくはないと感じました。現在では、全体
のアーキテクチャー設計や、AI（人工知能）を活用したアプリケーション開発な
ど、より高度な課題へと挑戦の幅を広げています。身近に DevOps のエキスパー
トがいたことで、DBRE の根幹にある DevOps の思想や関連スキルも習得できま
した。

DB、クラウド、AIの進化を視野に入れたキャリア形成の重要性

　筆者は転職という選択肢をとりましたが、もちろん、DBRE の実践に転職が
必要なわけではありません。ただし、自分の得意とする DB 以外の選択肢に目を
向けず、クラウドや AI の進化を無視するような形で仕事を進めていると、遅か
れ早かれ「業務が奪われていく」危機感を抱く可能性が高くなります。

　もちろん、特定の DB 製品を極めるキャリアは今後も存在し続けるでしょう。
しかし、それはクラウド事業者やコンサルティング会社など、マネージドな機能
や体験を提供する側、あるいはオンプレミスやプライベートクラウドで大規模サー
ビスを運用する一部の企業に限定されていくと考えます。自社サービスを運営す
る企業で DB を専門とする方は、SLO などビジネス価値と直結する抽象度の高い
目標の達成を目指し、さまざまな DB やクラウド、AI をいかにうまく活用する
かという視点を持ち、自身のマインドや業務を変革していくことが重要です。

DBREの実践においてDBAの経験がもたらすアドバンテージ

　DBA（Database Administrator、データベース管理者）から DBRE エンジニ
アへ転向する場合、DBA としての経験は確実に生かせます。他の職種による

DBRE の実践と比べて、明確なアドバンテージがあります。SRE エンジニアが DBRE エンジニアの活動を兼務するケースは一般的であり、DB 領域においても、モニタリングの設定やダウンタイムを最小化するデプロイ戦略の策定など、SRE のスキルがそのまま活用できる場面は少なくありません。

しかし、パフォーマンスチューニング、テーブル設計の評価、ミドルウエア特有のスループット低下（例：ロック競合）の原因調査など、データモデルや DB のアーキテクチャーに深く関わる業務では、DBA のスキルが非常に有効に働きます。特にクエリーチューニングなど、アプリケーションに近いレイヤーの技術的課題については、クラウドベンダーに相談してもベストエフォート対応となり、解決は約束されません。

RDB の専門家がいない場合、DB のパフォーマンスについての課題に対して、いきなり全体を NewSQL へ移行するといった「必要以上に大掛かりな意思決定」に発展する可能性もあります。専門家が調査すれば、実際は複数のクエリーを最適化するだけで解決できるようなケースもあるでしょう。

このように、DBA として培った知識や経験、DB の現状や課題を正確に把握する力は、一朝一夕で身につくものではありません。DBRE を実践する上で、これらのスキルは大きな強みになります。

DBREの実践例

筆者の所属する会社には、横断的な組織として DBRE 専任チームが存在します。DB 領域における DevOps を、SRE をメインに、補完的にプラットフォームエンジニアリング（Platform Engineering）の要素も取り入れながら業務を進めています。SRE やプラットフォームエンジニアリングにはそれぞれ専任チームもあり、必要に応じて連携しながら業務に取り組んでいます。

以降では、筆者が開発に携わった２つのプロダクトを紹介します。それらを開

第 5 章 データベース信頼性エンジニアリング（DBRE）

発する際に活用した技術スタックや開発スタイルについても解説します。

開発事例1、生成AIを活用したテーブル設計の自動レビュー機能

・開発の背景

　一般的に DB のテーブルは一度作成すると修正が難しく、技術的負債を抱えやすい側面があります。そのため、統一された基準に基づく「良い設計」でテーブルがつくり続けられる仕組みを整えることが重要です。また、生成 AI の普及により、データ基盤の重要性はさらに高まっています。

　統一基準で設計されたテーブルは分析しやすく、分かりやすい命名や適切なコメントは、生成 AI に良質なコンテキストを提供するメリットもあります。こうした背景から、DB テーブル設計の質が組織に与える影響は以前よりも大きくなっています。この質を担保する手段として、設計ガイドラインの作成やレビューの実施が考えられます。

　筆者の所属する会社では、各プロダクト担当者がテーブル設計のレビューをします。DBRE チームから設計ガイドラインを提供していますが、準拠するには認知負荷が高いといった課題があります。DBRE による横断的なレビューも検討しましたが、プロダクトの数が数十におよぶため、DBRE がゲートキーパーのように振る舞うと開発のボトルネックになりかねないという懸念から断念しました。

　こうした背景を踏まえ、ガードレールとして機能する自動レビューの仕組みを、DBRE が開発して提供することにしました。自動レビューを継続的に実行するには、開発フローへの統合が不可欠です。そのため、GitHub のプルリクエスト（PR）をトリガーに Amazon Web Services（AWS）上でアプリケーションを自動実行し、PR 内にテーブル定義（DDL）の修正案をコメントとしてフィードバックする仕様にしました。

・作成した仕組み

　自動レビューの実装方針は、プログラムベースの構文解析を用いる方法と、生

ガードレールとして機能する自動レビューを実装

図1　テーブル設計の自動レビュー機能の抽象的なアーキテクチャー

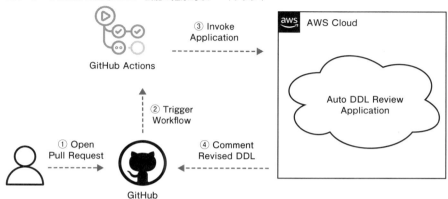

成AIを活用する方法の2種類が考えられます。例えば「オブジェクト名はLower snake case（命名規則の1つ。単語を全て小文字。例：snake_case）で定義すべき」だとするガイドラインは構文解析で対応可能ですが、「データの中身が推測できるオブジェクト名をつけるべき」であるといったガイドラインは、分かりやすさの判断が必要なため、生成AIを活用する方が適していると考えられます。生成AIアプリケーションの開発知見を得る目的も兼ねて、まずは生成AIを活用したMVP（Minimum Viable Product、実用最小限の製品）を開発しました。

PRをオープンすると、GitHub Actionsのワークフローが実行され、AWS Step Functionsを起動します。Step Functions内のLambdaを通じて、AWSの生成AIサービス「Amazon Bedrock」を使用し、各DDLをレビューします。レビューが完了すると、結果をPRのコメントとしてフィードバックし、ログを「Amazon Simple Storage Service（S3）」に保存します。

第5章 データベース信頼性エンジニアリング（DBRE）

生成AIを活用しMVPを開発

図　生成AIを活用したテーブル設計自動レビュー機能のアーキテクチャー

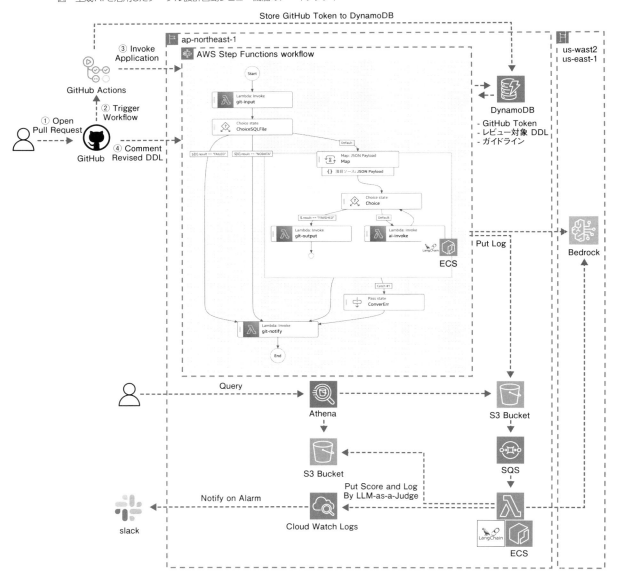

5-3 DBRE エンジニアになるには、実例を踏まえた DBRE 実践方法

自動レビューを実装

画像　生成 AI によるレビュー結果例

開発事例2、マネージドな DB のパスワードローテーションを含む DB アカウント管理機能

・開発の背景

　社内ポリシーにより、DB ユーザーのパスワードを一定期間ごとにローテーショ

ダウンタイムを発生させない

図　パスワードローテーションのアーキテクチャー

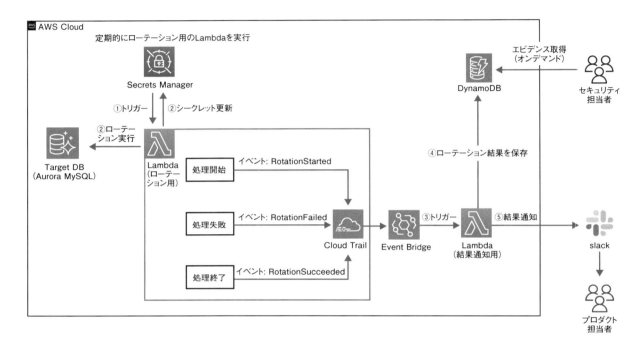

ンすることが義務付けられました。しかし、パスワードのローテーションは単純な作業ではありません。何も考慮せずにDBユーザーのパスワードを変更すると、アプリケーション側でも同じパスワードに更新する必要があり、そのタイムラグによって一時的なアプリケーションエラーが多発する可能性があります。

一方、ダウンタイムを回避するために、サービスを停止した上でパスワードを更新するという「直接的な価値を提供しない作業」をプロダクト担当者にしいることも望ましくありません。このように、パスワードローテーションを各プロダクトの担当者が定期的に自力で実施するのは非常に困難です。そこで、DBREがマネージドなDBパスワードローテーションの仕組みを開発し、提供することにしました。

・作成した仕組み

　ダウンタイムを発生させずにパスワードをローテーションするため、「AWS Secrets Manager」が提供する「交代ユーザー戦略」を採用しています。この戦略では、1つのシークレット内で2つのDBユーザーの認証情報（ユーザー名とパスワードの組み合わせ）を交互に更新します。初回のローテーション時に2つ目のユーザー（クローン）を作成し、以降のローテーションではパスワードを切り替える方式です。これにより、DBの高可用性が求められるアプリケーションでも、ローテーション中にDBへの接続を維持できます。また、ローテーション対象のDBユーザーを自動で収集し、Amazon DynamoDBで管理する仕組みも導入しています。

　ローテーションが発生すると、アプリケーションの担当者に通知が送られます。ローテーション前のユーザーも引き続きDBに接続できるため、担当者は余裕を持って、ローテーション後のシークレット情報でDB接続されるようにアプリケーションを再度デプロイできます。

技術スタックや開発スタイル

　ここで紹介した仕組みは全てAWS上に構築しています。オンデマンドで実行するようなツールであれば、コストを安価に抑えられる可能性が高いため、サーバーレスアプリケーションでよく使うサービス（Amazon API Gateway、AWS Lambda、AWS Step Functions、AWS Secrets Manager、Amazon DynamoDB、Amazon S3、Amazon Athena）を自由に活用できるようになると、さまざまな仕組みを柔軟に構築できるようになります。

　開発に割く時間も多いため、アジャイル開発を取り入れたり、CI（継続的インテグレーション）／CD（継続的デリバリー、デプロイメント）パイプライン経由でのデプロイ自動化や、IaCツールである「Terraform」によるAWSリソース管理など、開発効率を向上させる工夫もしています。

　開発言語はGoとShell Scriptをメインに使用し、生成AI関連のプログラムは

Python で実装しています。生成 AI の普及で、数年前よりコーディングのハードルは下がり、ツールや仕組みの開発にも挑戦しやすくなっています。

DBREはじめの一歩、簡単な自動化から始める

最初から大規模な自動化を目指す必要はありません。まずは手順書の共有や簡単なツール開発など、小さな改善から DBRE の取り組みを始める方法を、具体例とともに紹介します。

DBマイグレーションツールの導入

DB マイグレーション（移行）ツールは、テーブルの変更やマスタテーブルへのデータ投入を自動化し、変更履歴を管理するためのツールです。導入することで、環境間で差異が生じるのを防いだり、データの二重投入を防いだりと、さまざまなメリットがあります。代表的なツールとしてオープンソース「Flyway」が挙げられます。

Flyway は、DB の状態をバージョン管理できます。例えば新しいテーブルを作成する場合、直接 DDL を実行するのではなく、DDL ファイルを用意してFlyway のコマンド経由で適用します。Flyway は DDL ファイルの適用状況を自動で管理するため、適用漏れや再実行時のエラーを防げます。

さらに、DDL ファイルを GitHub などのリポジトリーで管理すれば、レビュープロセスを標準の開発フローに組み込むことも可能です。導入手順や実行方法をドキュメント化するか、Flyway をあらかじめ組み込んだプラットフォームを開発して提供できると理想的です。このように、ツールの導入によって、ミスが発生しやすい DB マイグレーションのプロセスを標準化することは、有益な DBREの活動の 1 つといえます。

オペレーションのコマンド化

よく利用する DB の運用作業をコマンド化しておくと、自分たちの作業が効率

化されるだけでなく、開発チームにも提供できるため、全体の開発効率向上につながります。例えばDBユーザーを追加する際、AWS環境であればSecrets ManagerやAWS Systems Manager Parameter Storeにユーザー名やパスワードを保存する作業も発生するケースがあります。この一連の処理をCLI（コマンド・ライン・インターフェース）のコマンドとしてまとめておけば、コマンドを実行するだけでDBユーザーの作成とシークレットの保存を自動化でき、トイルの削減につながります。

　使用頻度は低いものの認知負荷が高い作業もツール化しておくと有益です。例えばAmazon Aurora MySQLでポイントインタイムリストア（PITR、特定の以前の時点におけるDBのコピーを作成）を使う場合、コンソールからも操作できますが、入力項目が多く判断に時間がかかるため、作業者の負担が大きくなります。PITRが必要になるのは、オペレーションミスによってデータを削除してしまったケースなどです。緊急性の高い場合も多く、コマンド化することでインシデント対応の迅速化につながり、システムの信頼性向上にも貢献できます。

　あるいは、頻繁に発生する運用作業や、手順が属人化している業務については、ドキュメント化し、手順書（Runbook）としてまとめておくのも運用の標準化に向けた有効な第一歩です。このように、小さな改善から始めて、徐々に大規模な自動化へと移行していくアプローチは「Crawl-Walk-Run（ハイハイ - 歩く - 走る）」と呼ばれ、システム運用の成熟度を高める方法として有効です。

　第5章は3パートにわたり、DBREの概要や具体的な実践例を紹介しました。DBREの取り組み方は企業ごとに異なるのが実情で、組織の人材や企業文化に合わせて、自分たちなりの実践方法を考えることが重要です。アプローチとしては、トップダウンで専任の組織を立ち上げて推進する方法もあれば、ボトムアップで小さな取り組みから始め、改善や挑戦を積み重ねながら規模を拡大していく方法もあります。

あとがき

　我々が内製開発した検索システムでの体験を本書の形で皆様にお届けできたことを光栄に思います。ベクトル DB は企業の競争力を強化する鍵になると考えます。これからも技術革新に尽力し、成長を続けて新しい未来に向かっていくことを楽しみにしています。

中田 晃一　株式会社ミスミグループ本社　Gateway 推進本部

　Cloud Spanner があったからこそ今の DeNA がある。そんなを思いを心の内に秘めながら、今回楽しく執筆させていただきました。そして川上さん・杉江さんら監修に携わっていただいた社内外の方々はもちろんのこと、共著のきっかけとなる出会いの場を創っていただいた WeWork の方々を含めて、この場を借りてお礼させてください。本当にありがとうございました！

竹村　伸太郎　株式会社ディー・エヌ・エー シニア機械学習エンジニア

　DBRE のような「プラクティス」には唯一の正解はなく、組織ごとに最適な形を見つけていくことが大切です。実践を重ねることで理解は確実に深まっていきます。本書の内容が、DBRE の実践に役立つヒントになれば幸いです。最後に、レビューに協力いただいた栗田啓介さん、栗原真太郎さん、星野元章さん、陳路銘さん、ありがとうございました。

廣瀬 真輝　KINTO テクノロジーズ株式会社 Principal DBRE

あとがき

　データベースエンジニアの役割は、かつて「堅牢な仕組みを守ること」でした。クラウドの進化により、仕組みを意識せずアプリケーションの本質に向き合える時代になりました。DB の選択肢が増えた今、データベースエンジニアは「何をしたいか」を共に考え、伴走する存在へと変わっています。シニアエンジニアの役割は、新技術を「大きく外さず」に取り入れること。変化を見極め、導ける存在でありたいものです。

　　　　　　　杉江 伸祐　株式会社 D.Force マネージングコンサルタント、
　　　　　　　　　　　　　　　　　　　　　　　　データベーススペシャリスト

　本書の執筆にあたり、多くの方々からご支援とご協力をいただきました。まず、日々の業務で共に働き、貴重な知見や示唆を共有していただいたクライアントやパートナー企業の皆様に心より感謝します。また、本書の企画から出版に至るまで、辛抱強くサポートしてくれた日経クロステックの大谷晃司氏にも深く感謝いたします。そして何より、長時間の執筆活動を支えてくれた妻の直子に、この場を借りて感謝の意を表したいと思います。皆様のご支援なくして、本書の完成はありませんでした。

　　　　　　　　　　　　　　川上 明久　株式会社 D.Force 代表取締役社長

著者略歴

川上 明久 (かわかみ・あきひさ)

株式会社 D.Force 代表取締役社長
データマネジメント業務の内製化、データベース全般の伴走型コンサルティングに多数の
実績・経験を持つ。データベース関連の書籍や IT 系メディア記事の執筆、セミナー・講演
も多数手がける。データ活用の高度化、クラウド移行によるコスト削減などを通して、継
続的に成果を上げる組織構築を支援している。

杉江 伸祐 (すぎえ・しんすけ)

株式会社 D.Force マネージングコンサルタント
前職の大手 IT コンサルティング会社では、多数の大企業向けシステム構築案件に従事。デー
タベースのスペシャリストとして、高難度プロジェクトや新技術導入を成功へ導く。現職
では顧客の現場に伴走しながら、データ活用の戦略立案から実装まで、包括的なコンサル
ティングを提供している。

廣瀬 真輝 (ひろせ・まさき)

KINTO テクノロジーズ株式会社 Principal DBRE
バックエンドエンジニアや DBA として大規模サービスに関わった経験を生かし、現在は
DBRE として、信頼性と開発生産性の両立を推進。データベースに関するプラットフォーム・
ツール開発、運用、トラブルシューティングなどに取り組んでいる。

竹村 伸太郎 (たけむら・しんたろう)

株式会社ディー・エヌ・エー ソリューション本部データ統括部データ基盤部ゲームエンタ
メグループ シニア機械学習エンジニア
奈良先端科学技術大学院大学（NAIST）卒。大手ゲーム会社などを経て、2020 年にディー・
エヌ・エーへ中途入社。現職では、クラウドインフラ構築から、スマートフォンアプリへ
のオンデバイス AI 組み込みまで、AI 及びデータ領域における先端技術の実用化を幅広い
技術領域で担当している。2 児の父。

著者略歴

案浦 浩二（あんのうら・こうじ）

Neo4j ユーザーグループ、Neo4j Ninja

2013 年、Neo4j のシンプルな格納構造と直感的なクエリー言語に衝撃を受け、その魅力を伝えるべくエバンジェリストとして国内外で講演を行うようになる。現在は LDBC Extended GQL Schema（LEX）working group のメンバーとして、次世代 GQL の設計に携わる。技術の幅広さを生かし、フルスタックエンジニアとしても活躍中。趣味はコーヒー。

中田 晃一（なかた・こういち）

ミスミグループ本社 Gateway 推進本部 GTC 推進室

2016 年ミスミ入社。2018 年に社内初となる AI・ML チームの立ち上げとマネジメントを担当。先端技術を用いた EC サイトでのレコメンドエンジン・検索エンジン開発を推進する。現在は Gateway 推進本部で全体の技術統括として顧客のデジタル接点に対する技術戦略の立案、先端実験プロジェクトの企画・推進、エンジニアのマネジメントを担う。

クラウド
データベース
入門

2025 年 4 月 21 日　第 1 版第 1 刷発行

著　　者	川上 明久、杉江 伸祐、廣瀬 真輝、 竹村 伸太郎、案浦 浩二、中田 晃一
編　　集	大谷 晃司
発 行 者	浅野 祐一
発　　行	株式会社日経 BP
発　　売	株式会社日経 BP マーケティング
	〒 105-8308 東京都港区虎ノ門 4-3-12
装　　丁	葉波 高人（ハナデザイン）
制　　作	ハナデザイン
印刷・製本	TOPPAN クロレ株式会社

ⓒ Akihisa Kawakami, Shinsuke Sugie, Masaki Hirose, Shintaro Takemura,
Koji Annoura, Koichi Nakata 2025
ISBN 978-4-296-20735-0　Printed in Japan

●本書の無断複写・複製（コピー等）は著作権法上の例外を除き、禁じ
られています。購入者以外の第三者による電子データ化及び電子書籍
化は、私的使用を含め一切認められておりません。

●本書に関するお問い合わせ、ご連絡は下記にて承ります。
https://nkbp.jp/booksQA